KOTIKONNUN EVÄILLÄ

ELÄMÄN TOLALLA

HEIKKI K LÄHDE

KOTIKONNUN EVÄILLÄ
ELÄMÄN TOLALLA

AIKAMATKALLA IHMISTEN PARISSA

Kustantaja: Books on Demand,Helsinki,Suomi
Valmistaja: Books on Demand,Norderstedt,Saksa
Tiedotus ja kustannus.Heikki K Lähde.Tmi
ISBN: 978-951-568-167-6

Sisällys

Esivanhempien elomuodon arkea

Olen aina pyrkinyt saattamaan kirjoitukseni kohdeajan elomuodon suhteellisen selkeästi kuvatuksi. Me elämme omassa ajassamme. Niin ovat kaikki ihmiset tehneet. Myös tulevilla ikäluokilla on oma nykyaikansa. Kaikella elämällä on kolmiyhteys. Menneisyys kertoo, miten nykyhetkeen on tultu. Huominenkin vaikuttaa siihen. Ennen vanhaan samankaltainen nykyisyys kesti vuosituhansia. Fyysisen voiman rajallisuus vaati apukeinojen kehittämistä. Niinpä ihminen keksi käyttää vipuja ja veivejä sekä luonnonvoimia. Sai aikaan esimerkiksi Kiinan muurin ja pyramideja. Tuulivoiman ja vesivoiman sekä painovoiman muodostama kokonaisuus on auttanut ammoisista ajoista nykypäivään osittain luonnollisena ja osittain ihmiskunnan tarpeisiin kahlittuna. Tuli ja kylmyyskin kuuluvat samaan kokonaisuuteen.

Tuon voimakokonaisuuden täydentäjänä ovat toimineet niin ihmisten kuin eläinkunnankin omaavat tahdonvoimat ja kehitetyt välineet kivikirveestä alkaen. Rajoitun tässä teoksessa maaseudun elämään. Lihasvoiman aikainen toiminta alkoi todella kauan sitten ihmisen asettuessa paikalleen asumaan ja viljelemään. Tätä elomuotoa kesti tavallisessa talonpoikaiskylässä suurelta osin lähes viime vuosisadan puoliväliin asti.

Luovutetulta alueelta ja sotarintamalta Karjalan seudulta ja Lapin sodan seurauksena sekä Porkkalan vuokra-alueelta jouduimme asuttamaan noin 700 000 kansalaistamme pienentyneelle alueellemme. Sodan jälkeen maahamme syntyi suuriksi ikäluokiksi kutsuttu väestönosa. Määrä oli noin 600 000 uutta kansalaista. Maksettavanamme oli nopeasti myös mittavat sotakorvaukset uudisrakentamisen lisäksi.

Omia voimia vaativa työ muodostui lähes kohtuuttomaksi sodan rasittamien sotarintaman ja kotirintaman ihmisten sekä suomenhevosten jaksettavaksi. Tarvittiin apua. Sitä oli jo suurtiloilla. Pientilavaltaisessa talonpoikaiskylässä ei koneapua merkittävästi ollut vielä 1940-luvulla. Tulossa oli. Valmet oli varautunut. Ulkomaakauppa vapautui vähitellen. Niin kävi myös kyläkaupoille. Eioota pursuavat hyllyt ja laarit alkoivat täyttyä hyötytavaroilla. Ostokorttien lajikupongit vähenivät.

Työmäärän tungoksessa kaivattiin apua. Sellaiseksi ilmaantui konevoiman airueena tullut traktori. Sen perään oli helppo kytkeä hevosvetoisia laitteita. Korvattiin kaksi aisaa yhdellä vetopuomilla, joka kytkettiin traktoriin. Piiat ja rengit menettivät nopeaa tahtia sekä työnsä että asumisensa maatilan ison ruokakunnan yhteydessä. Samoin kävi monelle isäntäperheen jäsenelle. Suomenhevosten määrä väheni.

Koneellistumisen aikaansaama muutosten myllerrys huipentui 1960-luvulle. Silloinhan suuret ikäluokatkin saavuttivat työikäisyyden. Yli miljoona maamme asukkaista oli joutunut siirtymään maassamme uusille asuinsijoilleen. Maaseudulla elantonsa saava kansanosa oli 1.1.1970 enää alle puolet väestöstämme. Muuttaneiden määrä oli aikaansaanut asutuskeskuksissa työpaikkojen, asuntojen, kulkuteiden, koulujen, neuvoloiden, terveydenhoidon ja sairaanhoidon kehittämisen aallon. Hyvinvointivaltiomme kehittyminen oli ottanut merkittäviä askeleita. Tuossa muutama maaseudun nopeaan rakennemuutokseen vaikuttanut iso asia.

Omavaraistalouden aika kulki nopeasti kohti loppuaan. Kotona valmistettu ruokakin alkoi siirtyä tuottajilta pitkälle jalostusmatkalleen kohti kuluttajia, joihin maaseudun asukkaatkin kuuluivat. Suurten ikäluokkien elinkaari heijastui lapsuuden, nuoruuden, koulutuksen työikäisyyden ja lopulta eläköitymisen asioihin. He ovat osa kansastamme. Mutta heidän vaikutuksensa elämänkaaren tapahtumiin korostui määrän myötä. Olihan heitä noin puoli miljoonaa eli noin kahdeksasosa kansastamme.

Kotiseutu sytyttää mieleeni mahtavan muistojen maiseman lapsuuteen kuin auvoisena aurana ympärilleni. Sen eväitten ydin on isäni muistiinpanoissa ja minulle antamansa vihon alkusivulla. ”Isältä ja Äidiltä Kaleville muistoksi 1935. Kun tulet vanhaksi, etsi tämä kirja sieltä kaapin takaa ja katsele muistoja nuoruudestasi. Isä.” Äidin antama juurrutus elämälleni kiteytyi ”Levolle lasken Luojani...”-iltarukouksen sanomaan.

Sain juuret ja siivet kuin myötätuuliksi elontaipaleelleni maamme ihanasta luonnosta ja maaseudun elämästä. Toivon saavani esille ilmaistuna tuon luonnon lumon elomuodon luonnollisen luontaisesti koettavaksi. Maaseudun luontoa lähellä toimivalla tai asuvalla on luontainen mahdollisuus toimia parhaiten luonnon ehdoilla. Ihmisten ja heidän kotiseutujensa erilaisuudet ovat toimineet aitoina uusien haasteiden antajina elämäni tolalla. Siinä elämä ja minä pyrimme olemaan ystäviä keskenämme.

Heikki Kalevi Lähde.

Entisajan toimintaidea:

Hiki hitsasi ihmisen ja hevosen työpariksi

Isänmaamme 100-vuotisjuhlavuonna tahdon kantaa oman korteni juhlakekoon ja tallentaa kansien väliin ja nettikirjaksi kotiseudun elomuotoja ilman sähköä ja koneita. Niissä oloissa ovat eläneet esivanhempamme sadat sukupolvet. Itsekin sain kokea tuollaista aikaa pari vuosikymmentä. Elin aikaa, jolloin lapsuus oli lyhyt ja nuoruus pitkä. Taaperrettiin töissä pienestä pitäen. Omissa oloissaan elävät tulevatkin sukupolvet. Aikaa ei voi säästää eikä lainata. Siinä voidaan toimia vain nykyhetkessä. Emme myöskään voi siirtyä entisyyteen. Se olotila on elävöitettävä muistoilla ja muilla tallentuneilla jäänteillä.

Olen saanut kokea ikäystävieni kanssa jotakin sellaista, mitä mikään sukupolvi tuskin on koskaan kokenut. Merkittäviä muutoksia on toki tapahtunut ennenkin. Aika ihmisen asettumisesta paikalleen viime vuosisadan puolivälin koneellistumiseen on sisältänyt verkkaista muutosta. Nyt muutos on saanut nopeamman ja kiihtyvän tahdin. Lapsuudesta vartutaan eri lailla nykyaikaisempaan aikuisuuteen. Polkupyöräkin on tavallaan keksitty uudelleen. Ennenvanhan "jalkaratas" on saanut monenlaisia vaihteistoja, jarruja, jopa polkuvoimaa auttavia apumoottoreita. Toimintatavat ovat uusiutuneet. Niiden nimitykset ovat saaneet uuden sisällön.

Maataloudessa lihakset olivat monilla tiloilla vielä 1950-luvulla ainoa käyttövoima. Sähköjohtoja tai puhelinlankoja ei monista asumakylistä löytynyt. Sotien rasittama kansa kaipasi nopeasti auttavia voimia. Muistan, kuinka kotiini hankittiin traktori ja tuli sähkö ja puhelinkin aikanaan. Sähköä olin nähnyt vain kirkossa ja kirkonkylässä. Hevosvedolle sopivat aisat muunnettiin koneille käyviksi. Sähkö mahdollisti uudenlaisen valaistuksen. Vesi ja lämpö siirtyivät ämpäristä ja puusylyksistä putkistoissa vaeltaviksi. Ulkohuusit siirtyivät luksusilmiönä sisäkäyttöön.

Lyhyehköt katsaukset kertokoot lähinnä sodan jälkeisistä parista vuosikymmenestä. Kotikylälläni tarkoitan Lammin pitäjän pohjoisosassa olevaa suurta Lieson kiinteistörekisterikylää. Väitöskirjassani kutsuin sitä tavalliseksi talonpoikaiskyläksi. Kylässä ei ole ollut suuria kartanoita. Kylä on sijainnut lähellä valtakunnan ikivanhoja valtaväyliä. Näitä maan valtimoita myöten kulki jo vuosituhat sitten monenlaisia vaikuttajia.

Kirjan alkuosa koskee lähinnä isojaossa syntyneitä Avuskulman ja Isokulman sekä Neroskulman ja Porraskosken asumakyliä. Toinen osa kuvaa parin esipolveni elotaivalta omilta synnyinsijoiltaan kotikonnulleni ja omaa taivaltani kotiseudultani saamin juurin ja eväin Pohjanmaan ja Keski-Suomen sekä kotilääninì Hämeen alueilla yli kahdellatuhannella tilalla asuvien elämää julkishallinnon tehtävissä auttamassa.

Omat muistikuvani pohjautuvat moniin asiakirjoihin ja omiin muistiinpanoihini. Muistikuvani alkavat viime sotiemme ajasta. Olinhan silloin jo kansakouluiässä. Silloin miehiä ja hevosia oli puolustamassa maamme laillisia rajoja. Mukana oli myös monia naisia eri tehtävissä. Maaseudullakin oli useita sotatoimiin liittyviä aputoimintoja. Siellä olevien oli huolehdittava kummankin rintaman muonituksesta. Sodan jälkeen oli asutettava evakkoväki. Kansan oli huolehdittava suurista sotakorvauksista. Kaiken oli tapahduttava sodan rasittamin voimin. Kaivattiin kovasti koneapua. Pian tuli traktori ja sitä seurannut leikkuupuimuri, jotka saivat aikaan omavaraistalouden lopun. Se oli suurin maassamme tapahtunut rakennemuutos. Sitä on seurannut jatkuva muutosten myllerrys.

Tapahtumia on arkistoitunut alitajunnan muisteihin erinomaisen silmäkameran tallentamana. Se on osannut ottaa mukaan muidenkin aistien tuntemuksia kuvan hetkeltä. Monien kuvien tilanne elävöityy usein tunnemuisteista uudelleen sisäisesti katsottavaksi. Olimmehan tuon ajan elomuodon tapaan mukana arjen toiminnoissa ensi askeleista lähtien. Ymmärtääksemme ennen vanhan ajan arkisia aherruksia ja kaikkia elämän toimintoja meidän tulisi sisäistää itsemme tuon ajan arkeen. On pyrittävä mahdollisimman hyvin oivaltamaan muutoin ajan olosuhteita. Esimerkiksi sähkön puute merkitsi valaistuksen ohella sitä, että jokainen vesipisarakin oli kannettava kaivosta sinne, missä vettä tarvittiin. Se oli myös kannettava käytön jälkeen pois.

Nuo viime vuosisadan alkuosan elämäntavat maaseudulla ovat tosiasiassa lähes kokonaan museoituneet. Toimintojen nimityksiä on siirtynyt nykyaikaan toisenlaisin sisällöin. Esimerkiksi sadonkorjuu ja lypsäminen ovat kokeneet jo tavallaan useampia muutoksia elämäni aikana. Siksi tuo museo tuntuukin sopivalta vertaukselta. Toivon, että mahdollinen lukija haluaa asennoitua oikein kirjan annin sisällön oivaltamiseen. Itse pyrin parhaan kykyni mukaan toimimaan museo-opasoppilaana.

Maa-alueemme matkaa viime vuosisadalle

Noin seitsemän vuosisataa kuuluimme Itämaana nykyiseen länsinaapuriimme Ruotsiin. Siltä ajalta ovat peräisin nimitykset ”Vanha Suomi” ja ”Uusi Suomi”. Ruotsin Itämaana saimme runsaasti eväitä. Ne sisälsivät paljon silloisen isänmaamme lainsäädäntöä siirtyessämme Venäjän vallan alaisuuteen. Keisari Aleksanteri II virallisti myös oman Suomen kielemme allekirjoittamalla kieliasetuksen 30.07.1863 Hämeenlinnassa maaherran virkahuoneessa. Venäjän lahjana meille on paljon sen hyväksymää ruotsinaikaista lainsäädäntöä edelleenkin huomattavassa määrin voimassa maassamme. Saimme myös pitää kansalaisia lähellä olevan virkamiehistön. Ylempi virkamiehistö oli venäläisiä. Niinhän olimme virallisesti mekin, kunnes itsenäistyimme vuonna 1917.

Siksi saamme tänä vuonna kaikki yhdessä viettää itsenäisyytemme 100-vuotisjuhlia 1157 kilometriä pitkän maamme kaupungeissa, kunnissa, kylissä ja vaikkapa itse kunkin kokemalla kotiseudulla. Kotiseuturakkauden luomaa juurevuutta tarvitaan tulevaisuudessakin.

Ruotsin aikakauden lopulla Lieson kylä ja sen 14 vanhaa maakirjataloa[1] saivat nykyiset rajansa laillisesti maastoon ja kartalle merkittyinä vuonna 1806 päättyneessä Lieson jakokunnan isojaossa. Rakennukset sijaitsivat toisiaan lähellä kylän eteläosassa.

Maa-alueemme siirrettiin vuonna 1809 sodan seurauksena Venäjän osaksi. Saimme kuitenkin toimia omana autonomisena suuriruhtinaskuntana. Suuri merkitys kansallemme oli myös ruotsinvallan ajalta saamillamme eväillä.

Kirjan toisessa osassa kerron lähinnä oman laajan sukuni elämästä maaseudulla noin viiden sukupolven ajalta. Aloitan isoisäni eli torpparinpojan ja torpparin ja myös myllärin lapsuudesta. Hän piti isäni tapaan päiväkirjaa elämästään. Niissä on paljon mielenkiintoista tietoa heidän aikansa elomuodoista ilman koneita. Isoisäni suoritti monien muiden kyläläisten tapaan pitkän asepalveluksen Pietarin seuduilla saaden olla mukana myös keisarin katselmuksissa. Niistäkin hän kertoo alkuperäisessä päiväkirjassaan.

---

[1] Maakirja oli luettelo veroista. Maaverot lakkautettiin vuonna 1925.

Reformaatio-500 osana Suomi-100-vuotta

Maamme viettää tänä vuonna 100-vuotisen itsenäisyytemme juhlavuotta. Reformaatio viettää omaa kansainvälistä 500-vuotisjuhlaansa 31.10.2016 – 5.11.2017. Reformaation aika alkoi Martti Lutherin 95 teesistä 31.10.1517 anekaupan väärinkäytöksiä vastaan. Se on antanut monia suuntaviittoja kansallemme. Se vaikutti kansallisvaltiomme syntyyn. Kustaa Vaasa loi valtiojärjestelmän, jossa kirkon ja valtion toiminnot erotettiin selkeästi toisistaan. Siinä valtio hallitsi kokonaisuutta ja kirkko tuki valtiota. Luterilaisuus edisti kansakunnan eheytystä ja pohjoismaista yhteenkuuluvuutta. Luterilaisuuden merkitys lisääntyi vähitellen. Reformaatio sai aikaan yhteisöllisyyden ja kristinuskon merkityksen lisääntymistä. Kirkon opetus levitti lukutaitoa ja koulutusta. Suomen kielen käyttö laajeni. Saimme Mikael Agricolan ansiosta suomenkielistä kirjallisuutta. Meillä on maailman vanhin painovapauslakikin.

Lutherin jalanjäljet löytyvät monin tavoin maamme toiminnasta jopa sen kivijalkoina. Se liittyy merkittävästi myös omaan elämääni. Sain kokea jo neljännen erittäin läheisen ihmisen menettämisen elämästäni. Tällä kertaa se tapahtui yht'äkkiä kuten äitinikin nukahtaminen ikiuneen. Olin rohkaissut vuosikymmen aikaisemmin tytärtäni vuoteensa äärellä: ”Kun tästä paranet, me teemme joukolla tämän matkan.” Uusi koettelemus tuntui, kuin kaikki olisi päättynyt. Vuosipäivä pelotti. Päivän jaksamiseksi minut johdateltiin tuolle aikaisemmin ajatellulle matkalle vaikkakin nyt ”yksin mutta yhdessä”. Se matka vei joka kymmenes vuosi esitettävään Oberammergaun kärsimysnäytelmään Jeesuksen viidestä viimeisestä päivästä. Perinne on saanut alkunsa kyläläisten luvatessa, että jos he pelastuisivat rutolta vuonna 1633, he panisivat toimeen lupaamansa esityksen. Toive toteutui. Rooleissa ovat kyläläiset ilman maskeerauksia ja ammattinäyttelijöitä. Kyläläiset esittivät sen tällä kertaa 41. kerran.

Matkaan liittyi viikko saksalaisen papin Martti Lutherin jalanjäljillä. Hän julkaisi kuuluisiksi tulleet teesit Wittenbergin linnankirkon edustalla tänä vuonna 500 vuotta sitten.

Reformaatiolla on merkittävä vaikutus kirkon ja kirkkopitäjien kautta kansallisvaltioomme. Kirkkohan johti kansan kehitystä kirkkopitäjien seurakuntien kautta merkittävästi siihen asti, kun Kustaa Vaasa päätti valtiojärjestelmästä, jossa tehtäviä selkeästi rajattiin valtion ja kirkon vastuille. Reformaation johdosta kristinuskon merkitys kasvoi yhteisöllisyyden myötä. Suomen kielikin sai lisää jalansijaa Mikael Agricolan ansiosta. Kirjallisuus kielellämme lisääntyi.

Kuva 1. Oberammergaun esityksen tiloihin esityskuvien taustalla mahtuu kerralla useita tuhansia mukana olijoita. Seuraava esitys on vuonna 2020. Alla kuva Wittenbergin kirkon ovesta, johon Luther teesinsä naulasi. Kuvat:H.K.Lähde.

Kinkeriperinne elää maaseudulla

Keskiajalta peräisin oleva kinkerit-tapahtuma elää edelleen monissa maaseutupitäjissä. Lukukinkereiksi tai lukusiksikin niitä on kutsuttu. Kylänluvuistakin on puhuttu. Aika on tuonut kinkereihin uutta sisältöä. Kinkerit tai lukuset saivat alkunsa pappien ripitysmatkoista. Vähitellen kristinopin kuulustelutilaisuudet saivat enemmän jalansijaa. Kinkereiden järjestäminen on ollut kirjattuna kirkkolakiin jo 1600-luvulla. Vähitellen keskeiseksi ohjelmaksi muotoutuivat katekismuksen ja raamatun lukeminen. Lutherin virsi "Jumala ompi linnamme" kuului vakio-ohjelmaan muiden virsien joukossa.

Lukemaan oppiminenkin liittyi lukusiin. Opetuksesta huolehtivat luonnollisesti papit ja lukkarit. Kuuluivathan lukukinkerit kirkollisiin tapahtumiin varsinkin ennen koululaitoksen muodostumista kunnan hoidettavaksi. Kansan opettaminen oli sitä ennen osa kirkon toimintaa.

Lukukinkereiden pitopaikkana ovat kautta aikojen olleet ihmisten kodit. Monet pitäjät on jaettu kinkeripiireihin, joissa lukukinkereiden vuorottelusta on huolehdittu. Usein kinkeripiirit ovat olleet kyläkohtaisia. Nykyajan lukusista on tullut enemmän sosiaalisia tapahtumia. Asukkaat saavat tavata pitäjän papistoa, ja papit pääsevät tutustumaan kylän oloihin ja asukkaisiin. Talon tarjoilu kinkeriperineessä on nykyaikaistunut monipuolisemmaksi ja kohti juhla-aterointia.

Kyläläisten tapaamisen näkökulmasta lukuset ovat tulleet entistä merkittävimmiksi. Kylän kansakoulu ja muutamat muutkin tapaamispaikat ovat kadonneet. Ilmeisesti kylässä käyminenkin on vähentynyt.

Monissa kylissä ovat väen vähentymisestä huolimatta erilaiset perinnetapahtumat saaneet uutta jalansijaa. Lukukinkeritkin voidaan lukea niiden joukkoon. Näyttää siltä, että sekä itsenäisyytemme että reformaatiovuoden juhlallisuudet lisäävät myös kinkeritapahtumia tänä vuonna.

Koivusta vasta-aineksia saunavihtoihin

Saunakulttuuri korostaa itsenäisyytemme juhlavuotta omalla merkkitapahtumallaan. Saunomisen kulttuurin vaalimisessa on merkittävä osuus vuonna 1937 perustetulla Suomen Saunaseura ry:llä. Seura viettää koko kansan juhlavuonna omaa 80-vuotisjuhlavuottaan.

Tasavaltamme presidentti Sauli Niinistö on seuran kunniajäsen ja toimii juhlavuoden virallisena suojelijana. Saunaseura on vuosikymmenien aikana edistänyt saunomisen terveellisen hauskan hulluuden parhaan elämyksen kehittymistä. Saunomista on jo kolmen vuosikymmenen ajan juhlistettu viettämällä kesäkuun toisena lauantaina Suomalaisen Saunan päivää. Päivän johdosta on tänä vuonna 2017 koko vuoden avoinna kansalaisadressi Suomalaisen Saunan päivän puolesta. (.saunanpaiva.fi). Adressi luovutetaan aikanaan sisäministerille. Sen tavoitteena on saada päivä virallisesti almanakkaan ja jopa liputuspäiväksi. Onhan sauna osa suomalaisuutta ja osa kulttuuriamme.

Saunakansallamme on lähes saunahulluutta löylyn lyönneissä. Tapa on kuulunut kulttuuriimme eri muodoissaan ilmeisesti jo noin 10 000 vuotta sitten. Saunojen käyttö ja saunomistavat ovat tosin kokeneet vaihtelevan monivaiheisen kehityksen. Vesikin on siihen vaikuttanut. Kesällä on pulahdettu suomalaiseen vesielementtiin niin uima-altaisiin kuin tuhansien järvien liplattaviin laineisiin. Uima-altaat valtasivat aikoinaan myös talojen alakertoja. Talvinen avantouintikin on ollut vilkasta yhteistoimintaa saunomisen kanssa. Vesi on jään alla lämpimän puolella. Saunojen määrä on jopa jossain vaiheessa noussut suuremmaksi kuin henkilöautojen määrä. Lämpimät lauteet ovat voittaneet autoistumisen.

Saunaan liittyi koko elämämme kaari. Siellä ihminen näki ja koki maailman lämmön ja valonhäivän ensi kertaa. Siellä esivanhempamme valmisteltiin viimeiselle matkalleen kohti kotiseudun muistokumpujen aluetta. Syrjäseuduilla matka talvisaikaan kulki kylmän riihen kautta. Monin paikoin oli muitakin talven kylmentämiä majapaikkoja viime matkallaan kuljetettavia varten. Kulkutiet olivat silloin toisenlaisia. Kansan kulkuvälineinä olivat vain jalat ja niihin liitettävät välineet kuten lumikengät tai sukset. Toinen kulkuväline oli hevonen.

Elämän alun ja viime hetkien välillä sauna antoi mitä moninaisimpia mahdollisuuksia elintoimintojen ylläpitoon. Siellä puhdistauduttiin ja pestiin pyykkiä paljussa. Siellä valmistettiin erilaisilla jalostustoiminnoilla useita elintarvikkeitakin. Viime sotien pula-aikoina siellä valmistettiin jopa kahvin tilalle tarpeellista korviketta. Savussa ja savusaunoissa palvattiin lihaa ja valmistettiin maltaita ja monia muitakin tuotteita. Ihmiskehon pesua ja kuppausta lukuun ottamatta lähes kaikki ihmiselämään ja ruokaan liittyvät saunassa tapahtuneet entisajan toiminnot ovat poistuneet nykyihmisten elämästä. Löylyn henki oli saunan tärkeä ominaisuus. Erilaiset kiukaat puulämmitteisistä sähköllä lämpiäviin loihtivat kukin omanlaatuisensa löylyn hengen. Mainioita vasta-aineitakin on tarvittu ja kehitetty. Yksi parhaimmista vasta-aineista on koivunoksa. Se sopii myös vihtoihin.

Kuva 2. kirveellä veistettyjen seinähirsien raoissa on sammaltiivisteet. Korkea ylälavo on tarpeen viljan käsittelyssä ja lihan sekä kalan palvaamisessa ja savustamisessa. Tummuus viestii savusaunasta, jota on lämmitettävä lähes kellon ympäri. Kuva: H.K.Lähde.

Kansallisruuaksi juurta jaksain ruisleipä

Maamme juhlavuoden kunniaksi julkistettiin tänä vuonna Heikin päivänä 19.01.2017 Suomen uusi kansallisruoka. Yli tuhannesta ehdokkaasta ruuan asiantuntijaraati valitsi loppukilpailuun 12 ehdokasta. Äänestyksessä voittaja sai noin neljänneksen äänistä. Voittajaksi tuli ruisleipä. Se on mahtava makuasia perinteisten herkkujen joukossa.

Kuva 3. Tuvan leivinuunia lämmitettiin kesän hellepäivinä varsin harvoin. Siksi leipää valmistettiin kerralla pitempään käyttöön. Sitä säilytettiin pirtin katosta riippuvissa leipäorsissa. Alakuvassa ruista kasvussa ja käsinkivimyllyssä ja ehkä vähän ranteissakin Loimaan Sarkamuseossa. Kuva:H.K.Lähde.

Lammi kirkkopitäjästä kunnaksi

Pitäjään ja kylään liittyi useita käsityksiä ja nimityksiä, jotka toimivat merkittävinä maaseudun olojen ohjaajina vielä 1800-luvun aikana. Niillä on merkitystä tai vaikutuksia vielä tänäkin päivänä. Sellaisia olivat hallintopitäjä ja kirkkopitäjä sekä kihlakuntakin. Pitäjä on vanha nimitys alueellisista yhteisöistä.

+ Hallintopitäjä huolehti yleishallinnollisista ja oikeudellisista asioista. Verojen kantaminen oli merkittävä yhteiskunnan toiminnalle. Hallintopitäjät muodostivat käräjäpiirin. Ennen vanhaan käräjillä ei ratkottu vain erimielisyyksiä, vaan siellä vahvistettiin useita sopimuksia ja muita ihmisten välisiä asioita. Hallintopitäjät saattoivat edelleen muodostaa neljänneskuntia tai kolmanneskuntia. Lieso oli pitkään yksi neljänneskunta. Sen alue tosin vaihteli ja erosi nykyisestä kylästä. Neljänneskunnilla ja kylilläkin oli paljon itsenäisyyttä ja yhteisvastuuta monista asioista. Nimismies oli hallintopitäjän tärkeä virkamies. Muutamat hallintopitäjät muodostivat yhdessä kihlakunnan, jolla oli vastuu esimerkiksi laajemmista tie- ja silta-asioista tai palovahingoista. Kihlakuntaa johti kihlakunnantuomari.

+ Kirkkopitäjä oli seurakunnallinen alue. Se vahvistui 1600-luvulla kristinuskon leviämisen myötä. Sen toiminnasta päätti pitäjänkokous. Kirkon suuri rooli oli elämänohjeiden toimeenpanijana ja ohjaajana. Seurakuntien asiakokonaisuuksista mainittakoon vielä lukkareille kuuluneet monet vastuulliset tehtävät kuten koulutus ja sairaanhoito lähes lääkäreiden tehtäviä myöten. Lukkareilta edellytettiin 1700-luvun puolivälissä suoneniskennän taitoa ja myös rokottamisen ja rokon istuttamisen osaamista. Vuonna 1803 oli lukkariksi nimittämisen edellytyksenä lääkärin antama todistus rokotustaidoista. Lääkitystehtävissä toimivat myös välskärit ja parturit. Sotaväen lääkintävastuu oli pitkään kuulunut partureille. Osana oli tietysti myös siviilien hoito. Vielä autonomian aikana tarkka-ampujapataljoonassa tuli olla kuusi välskäriä[2] ja kaksi välskärinoppilasta. Osastojen loputtua 1900-luvulla lakkasivat välskärien tehtävätkin.

[2] Lähinnä sotilaslääkäri 1600-luvulla.

+ Manttaalikunta muodostui pitäjän manttaaliin pannun maan omistajista ja haltijoista. Tällaisena sillä oli huomattava asema pitäjäläisten elämässä hallintonsa kautta. Se säilytti asemansa vielä vuoden 1865 kunnallisasetuksessa ja edelleen vuoden 1898 maalaiskuntien kunnallishallintoasetuksessa. Niille kuului manttaaliin pannun maan asioita ja manttaalimiesten rahastoja ja manttaalikunnalle kerättyjä veroja. Aikaisemmin niiden tehtäviin kuuluivat yleiset rasitukset kuten yleisten teiden kunnossapito, kyytitoimi vankeinkuljetuksineen sekä käräjähuoneiston kunnossapito. Kuntien äänioikeusuudistus 1917 vähensi suuresti manttaalikunnan merkitystä.[3]

Kunnallishallinto sai kivijalkansa vuonna 1865

Seurakuntien rinnalle alkoi 1860-luvulla kehittyä kunnallishallintoa. Seurakuntien laajasta toiminta-alueesta haluttiin siirtää tehtäviä perustettavan kunnallishallinnon johdettaviksi. Kirkkopitäjien asema väheni merkittävästi. Maallisiksi katsottuja asioita siirrettiin maalaiskunnille.

Hänen Keisarillinen Majesteettinsa määräsi Armollisessa Asetuksessaan kuudentena päivänä helmikuuta vuonna 1865, että maalliset asiat siirretään Suomessa maaseudun kirkkopitäjien vastuulta maalaiskuntien hallinnon vastuulle lukuun ottamatta väestökirjanpitoa ja kirkon omaisuutta, jotka jäivät seurakuntien vastuulle hengellisten asioiden lisäksi.

Alueiltaan kunnat vastasivat entisiä hallintopitäjiä. Päättäväksi toimielimeksi tuli kuntakokous.[4] Myös seurakunnallisen hallinnon sekä kunnallisen ja oikeudellisen toiminnan aluejako selkeni vähitellen[5]. Asiain kehittely kesti kuitenkin pitkään 1800-luvun loppupuolelle asti. Lammin kunnanvaltuuston ensi kokous pidettiin 24.1.1910. Kunnallislaki uudistui itsenäisyytemme alkuaikoina. Äänioikeudeksi vuoden 1925 kunnallislaissa säädettiin 21 vuotta. Se muutettiin vuonna 1968 20 ja 1972 18 vuodeksi.

---

[3] https://fi.wikipedia.org/wiki/Manttaalikunta
[4] (https://fi.wikipedia.org/wiki/Vuoden 1865 kunnallisasetus.)
[5] Lähde 1995

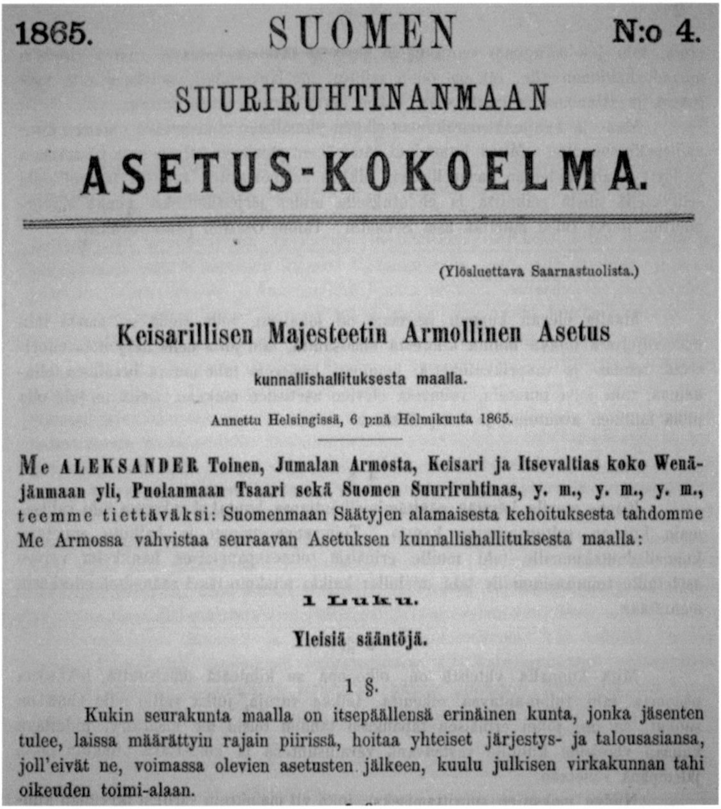

1865. SUOMEN N:o 4.

SUURIRUHTINANMAAN

ASETUS-KOKOELMA.

(Ylösluettava Saarnastuolista.)

Keisarillisen Majesteetin Armollinen Asetus

kunnallishallituksesta maalla.

Annettu Helsingissä, 6 p:nä Helmikuuta 1865.

Me ALEKSANDER Toinen, Jumalan Armosta, Keisari ja Itsevaltias koko Wenäjänmaan yli, Puolanmaan Tsaari sekä Suomen Suuriruhtinas, y. m., y. m., y. m., teemme tiettäväksi: Suomenmaan Säätyjen alamaisesta kehoituksesta tahdomme Me Armossa vahvistaa seuraavan Asetuksen kunnallishallituksesta maalla:

1 Luku.

Yleisiä sääntöjä.

1 §.

Kukin seurakunta maalla on itsepäällensä erinäinen kunta, jonka jäsenten tulee, laissa määrättyin rajain piirissä, hoitaa yhteiset järjestys- ja talousasiansa, joll'eivät ne, voimassa olevien asetusten jälkeen, kuulu julkisen virkakunnan tahi oikeuden toimi-alaan.

Kunnallishallinto ja seurakunnallinen hallinto ovat läpikäyneet monia uudistuksia nykyaikaan mennessä. Kuuluuhan Lammi nykyään Hämeenlinnaan niin kunnallisesti kuin seurakunnallisestikin. Lammin kunnan väkiluku oli suurimmillaan 7739 asukasta vuonna 1941. Karjalaiset muodostivat suuren osan. Heitä oli 1753. Vuosien 1939-45 sodissa kunta menetti kaatuneina 164 lammilaista. Vuonna 1950 asukasluku oli 7495 ja vuonna 1966 6775, joista oli naisia 3454 ja miehiä 3321. Yksi oli ulkomaalainen. Vuonna 1970 väkiluku oli 6485 sekä 1980 5959 ja liitettäessä Hämeenlinnaan 5530[6].

---

[6] Keski-Häme 30.12.1999/18.8.2016). / kotiseutuneuvos Uljas Kiuru./Wikipedian Lammi-sivut.

Isojako rajasi yhteismaat kylän taloille

Vuosisatoja vanha sarkajako vainiopakkoineen osoittautui 1700-luvulla ongelmaksi talonpojille. Verottajakin oli tyytymätön lähes ainoaan verotuskohteeseensa, maahan. Isojaon ohjeistus alkoi 1750-luvulla. Koko maamme alueen isojako kesti yli 100 vuotta.[7] Jaossa tilusten yhteinen hallinta muuttui yksityiseksi omistukseksi. Kruunu luovutti verojen korotuksia vastaan metsäalueita taloille. Näistä liikamaiksi kutsutuista tiluksista muodostettiin uusia kruununuudistaloja. Osa metsistä muodostettiin yhteismetsiksi, joita on myös Pohjois-Lammilla. Osa jäi tietysti kruunun omistukseen. Vesialueet jäivät yhteisiksi. Ne tulivat kalastuksineen ja syntyvine vesijättöineen jakokunnan hallintaan. Se hallitsee järjestäytyneenä ja kalastuskuntien avulla omistajana vesialueen käyttöä. Yhteisiksi jätettiin lisäksi teitä ja erilaisten aineiden ottopaikkoja ja vaikkapa pellavanliotusalueita.

Isojaon suorittamisalue oli jakokunta, joka muodostui yhdestä tai useammasta kylästä. Lieson isojaossa olivat mukana myös Nuhkalan yksinäistalo ja Kuohijoen kylä. Isojaon tuloksena yhteinen kylän alue muodostettiin itsenäisiksi alueiksi. Kylät ja talot sekä tilat merkittiin virallisesti ja koko maan osalta ensi kertaa kartoille ja maastoon rajoin ja pyykein. Samalla muodostui rekistereille täydellinen kylä-talo-tila-järjestelmä, johon nykyään perustuu koko henkilö- ja rakennustietojärjestelmä. Isojaon päättymisestä on kulunut jo yli 210 vuotta. Pitäjät ovat kadonneet. Talot ovat tulleet monin tavoin jaetuiksi.

Kylillä oli ennen vanhaan monin tavoin erilainen luonne kuin nykyään. Oleellisia asioita olivat yhteisöllisyys ja yhteisvastuu. Kruunu omisti pääasiassa metsäalueet kokonaisuudessaan. Sillä oli luja ote myös talonpoikien perintöluontoisiin taloihin verotuksen kautta. Talonpojilla oli manttaalien mukainen yhteisvastuu monien kruunun tehtävien hoitajana. Sellaisia olivat teiden teko ja ylläpito sekä tavaran, postin ja ihmisten kuljetus.

---

[7] Lähde. 2007. Isojako ja Lieson uudisasutus.

Talojen saadessa tiluksensa maastoon rajoilla merkityiksi alkoivat myös perinnönjakojen toimeenpanot. Taloilla oli rajat maalla. Näiden asumusten myötä syntyi kolme uutta asuntoaluetta. Lieson kiinteistörekisterikylään sijoittui kruununuudistalojen lisäksi toistasataa torppaa[8]. Yksi niistä oli syntymäkotini Ojamäen torppa. Isovanhempieni elämään liittyivät myös Kähkärän ja Lähteenmäen torpat sekä Purastien uudistalo ja Passilan maakirjatalo.

Monet torpat saivat alkunsa jo 1780-luvulla isojaon aikana. Kruunun vaatimukset torppien eli uusien viljelmien suhteen olivat moninaiset. Kruununtaloiksi muodostuvilla ne olivat vielä vaativammat. Kruunu vaati selviytymistä veroista. Uudistalojen ja torppien muodostuminen merkitsivät isojen alueiden uudisraivausta. Kylien talojen maanomistus sai kaukaisen sukulaisuuden perustan. Monen maatalousväestöön kuuluvan henkilön yhteinen esi-isä löytyy 1600 - 1700-luvuilta. Heidän läheisensä muodostivat kylän talonpoikaisasutuksen pääpiirteissään 1900-luvun puoliväliin asti.

Isokulmalle uudistaloja ja perintötorppia

Talot olivat aluksi luonnoltaan kruununtaloja. Ne oli ostettava kruunun hallinnasta asukkaaksi ottamisen seurauksena perintöluontoiseksi yksityisomaisuudeksi. Hallinnan muuttuessa omistukseksi maa-alueella oli eri nimityksiä. Torppaa hallitsi torppari. Kruununuudistaloa omisti kruunu ja sen viljelijävuokraaja oli lampuoti. Perintöluontoisen talon omistaja oli itsenäinen talonpoika. Taloon oli 1930-luvulle asti haettava kolme lainhuutoa ja niiden perusteella kiinnekirja. Kruununluontoiseen taloon ei lainhuutoa voinut saada. Kolmas maanluontolaji oli erityisistä syistä lähinnä maaveroista vapaa rälssiluonto. Maanluontojen merkitys väheni oleellisesti maaverojen lakattua vuonna 1925. Rälssiluonto tuli perintöluontoiseksi vuonna 1951 ja jäljelle jääneiden kruununluontoisuuden ja perintöluontoisuuden ero lakkasi vuonna 1997. Kaikki tilat ovat nykyään lainhuudatusvelvollisuuden alaisia.

---

[8] Lähde. Ihmisiä PohjoisLammin torpissa osat 1-5.

Isojaon seurauksina muodostui Lieson kylään 14 maakirjatalon lisäksi kruununuudistaloja ja torppia. Osa torpista jäi muodostumatta omiksi tiloikseen. Lieson torpat olivat laadultaan uudisasutustorppia. Näistä olen laatinut erikseen viisi osaa käsittävän julkaisusarjan "Ihmisiä Pohjois-Lammin torpissa."

Isojaossa tapahtunut talojen tilusten merkitseminen maastoon edisti sukupolvenvaihdoksiksi nykyään kutsuttujen perinnönjakojen toimeenpanoja. Syntyi uutta asutusta. Yksi niistä oli Isokulma. Alue liittyy läheisesti Porraskosken asumakylään, joka muodostui osittain Lieson ja Vähän-Evon kiinteistörekisterikylistä ja Nuhkalan yksinäistalosta Porraskosken sahan myötä 1700-luvulla. Perintötorpat poikkesivat kaikessa suurten kartanoiden päivätyötorpista.[9] Oikeastaan ainoa yhtäläisyys oli, että molemmat torppatyypit olivat päätalon vuokramaita. Lieson torpat itsenäistyivät pääasiassa sopimusten perusteella

Toimenpiteet uusien talojen muodostamisesta perintöluontoiseksi olivat kunkin talon kohdalla saman tyyppiset. Siksi kuvaan tämän tapahtuman monivaiheisen sisällön tarkemmin Hietavalkaman kruununuudistalon osalta ja muiden kohdalla lyhyemmän version mukaan.

Isojaon alussa torpaksi muodostunut päätalon alueeseen kuuluva vuokra-alue joutui läpikäymään vuosikymmeniä kestäneen kauden voidakseen tulla kruununuudistaloksi ja lopulta omaksi perintöluontoisena omistettavaksi taloksi. Torppa sai alkunsa noin 1770- luvulla tavallaan raakamaana. Torppari raivasi ja rakensi sitä kruunun vaatimusten mukaisesti veronmaksukykyiseksi maatilaksi. Kruunu vaati melkoisia vuosittaisia uurastuksia maiden viljelyyn ottamiseksi ja tarpeellisten rakennusten aikaansaamiseksi. Kun vaatimukset katselmuksien mukaan täyttyivät, voitiin torppa hyväksyä kruununuudistaloksi. Raivaaminen ja rakentaminen jatkuivat vuosikohtaisin velvoittein, kunnes elinkelpoisuus täyttyi. Tämän jälkeen kruununuudistalo voitiin ostaa kruunulta perintöluontoiseksi.

---

[9] Lähde. 2007. Väitöskirja torppareista.

Kalkko ja Hietavalkama n:o 15 kruununuudistaloksi

Kalkon ja Hietavalkaman kruununuudistalo sai alkunsa isojaossa. Silloin 8.2.1805 Mettalan n:o 11 verotalon omistaja Johan Erikinpoika luovutti oikeuden Hietavalkaman torppaan vanhimmalle pojalleen Johan Johaninpojalle. Lähes neljän vuosikymmenen aikana rakennettu ja raivattu torppa muodostettiin 28.02.1806 annetulla maaherran päätöksellä talon osuudesta kruunun liikamaahan kruununuudistaloksi. Osuudella oli toinenkin torppa, mutta kumpikaan ei yksin omannut edellytyksiä viljelykelpoisten maiden määrän vuoksi omaksi taloksi. Näin kruununuudistalo muodostui kahdesta torpasta, joista tuli erikseen perintöluontoisina tiloina Kalkko 09.05.1862 ja Hietavalkama myöhemmin 24.08.1886.

Käytän Hietavalkaman talonpuoliskoa esimerkkinä tapahtumasta, jossa ilmenee talollisenpojan muutostaival uudisasutustorppariksi ja edelleen koko tilan vuokraajana lampuodiksi ja lopulta perintöluontoisen talon omistajatalolliseksi. Esimerkki osoittaa selkeästi kartanoiden päivätyötorpparin ja tavallisen talonpoikaiskylän uudisasutustorpparin eron. Se osoittaa myös, miksi huomattava osa kylän asukkaista on tai on ollut sukua keskenään noin kolmen vuosisadan takaa. Nämä kaksi asiaa olen tarkemmin osoittanut väitöskirjassani.

Hietavalkamaa oli raivattu ja rakennettu jo kruununuudistaloksi muodostettaessa. Maa oli entisaikaan merkittävin verotuksen kohde monine muine velvollisuuksineen. Veronmaksukyky esti usein talojen jakamisia. Kruunu saattoi ottaa perintöluontoisenkin talon verorästeistä kruununluontoiseksi autiotaloksi. Taloa kutsuttiin autiotaloksi useimmiten siinä olevista asukkaista huolimatta. Verojen maksu saattoi siirtää talon takaisin haltijalleen tai verojen maksajalle. Näissä tapauksissa talon hinnaksi tuli yleensä noin kolmen vuoden verojen suorittaminen.

Lampuodin eli koko talon vuokraajan elotaipaleeseen kuului yhtenä portaana asukkaaksi ottaminen. Lopulta asukkaasta tuli kruununtalon perinnöksioston kautta perintöluontoisen talon omistaja.

Perinnöksiostot alkoivat vuonna 1723, ja isojaot 1700-luvun lopulla. Monivaiheisen tapahtuman asiakirjoista löytyy runsaasti tietoa entisajan ihmisten elämästä ja talon tilasta metsineen ja viljelyksineen sekä rakennuksineen.

Hietavalkaman kruununuudistalo perintötaloksi

Hietavalkama-niminen talonpuolisko oli noin 80 vuotta kruununuudistalona. Viimeinen lampuoti oli Herman Hietavalkama, joka hankki tilaan perintöluonnon. Tila siirtyi kruunulta talonpojan omistukseen. Toimenpide oli varsin perusteellinen. Olen koonnut arkistoista tapahtumia luettelona aikajärjestyksessä, sekä muutamia asiakirjoja suomennettuna tavoitellen ajan ilmaisuja. Lampuodin hakemus asiassa oli ensimmäinen toimenpide. Sitä seurasi selvitys talon tilanteesta rakennuksineen ja maineen ja mantuineen eli, mitä viljeltiin ja millä tuloksin.

Hämeen läänin maaherran teki 24.07.1862 tiettäväksi, että kun talollinen Herman Heikinpoika ja vaimonsa Erika Aatamintytär ovat 21.09.1861 antamallaan päätöksellä, josta senjälkeen kun asianosaiset ovat siitä saaneet tiedon, Suomen Keisarillisen Senaatin Talousosaston Rekisteröintikonttorin todistuksen mukaan ei ole valitettu ja joka siten on saanut lainvoiman, saaneet oikeuden asua ja hallita Hietavalkaman puolta kruununtaloa ja koska Herman Heikinpoika ja Eerika Aatamintytär asukasvelvollisuuksiensa täyttämisestä ovat asettaneet takuuseen 20.11.1857 tehdyllä sopimuksella perintötilan haltijan talollisen Karl Fredrik Heikinpoika Tarrin Sodjalan kylässä Hauhon pitäjässä ja Juho Juhonpoika Heikkilän Kaitalan kylässä Lammin pitäjässä, joiden luotettavuuden on Seudun tuomari vahvistanut; siis Herman Heikinpoika ja Eerika Aatamintytär saavat virallisen asukasoikeuden Hietavalkaman ½ kruununuudistaloon.

Hakija oli avioliitossa viimeksi tilaa hallinneen Aatami Matinpojan tyttären kanssa ja on vaimonsa perintöoikeuden ja 06.02.1855 tehdyn siirtosopimuksen perusteella ja koska valitusta asukasoikeusanomusta vastaan ei säädetyssä ajassa ole jätetty, Läänin kuvernöörinvirkamiehen 21.09.1861 antamalla ja lainvoiman saaneella päätöksellä ja Kuvernöörin 24.07.1862 antamalla imissionpäätöksellä asukasoikeus oli asiaankuuluvasti vahvistettu, eikä valitusta perinnöksiostoa vastaan kihlakunnan kirkoissa olleiden kuulutusten jälkeen ole jätetty, sekä asiaankuuluvat maksut oli maksettu. Siksi ei ole mitään estettä perintöoikeuden myöntämiselle. Lisäksi velvoitetaan hakija ruokkimaan ja huoltamaan appivanhempansa Aatami Matinpojan ja Maria Juhontyttären ja kälynsä Eeva Aatamintyttären.

Kruununnimismiehen taloudellinen tarkastuskertomus 08.06.1886

Allekirjoittanut Nimismies suoritti valanvannoneen lautamiehen Siltavouti Anders Bromanin ja talollisenpojan Juho Kustaa Juhonpoika Kalkon Lieson kylästä Lammin pitäjästä avustamana tavanomaisen taloudellisen tarkastuksen ½ Kalkon eli Hietavalkaman kruununuudistalolla kooltaan 1/8 manttaalia kyseessä olevassa kylässä; mukana oli asukas Herman Heikinpoika. Muistiinpanojen mukaan tarkastus suoritettiin ja todettiin seuraavaa:

1: Vierastupa ja maitohuone ja välissä eteinen; pärekaton alla, hyvässä kunnossa.

2: Vierastupa ja asuintupa, eteinen ja välikamari, pärekaton alla, hyvässä kunnossa.

3: Maitohuone, jossa muuri, parrukaton alla, ei valittamista.

4: Lisäksi erillään oleva asuinhuone eli kamari, tuohikaton alla, käyttökelpoisessa ja huomauttamista vailla olevassa kunnossa.

5: Sauna, parrukaton alla, hyvässä kunnossa.

6: Keittotupa, samanlaisen katon alla, tai oikeastaan puukaton alla huomauttamista vailla olevassa kunnossa.

7: Kaksikerroksinen aitta, pärekaton alla, kunnossa ei valittamista, ja kaksi aittaa erillisen tuohikaton alla samanlaisessa kunnossa. Kaksikerrosaitta, vaikkakin uusi ja täydellisessä kunnossa, kallistuu hieman huonon perustuksen vuoksi.

8: Talli, erinomainen heinäparvi ja kattovaja, pärekaton alla, hyvässä kunnossa.

9: Liiteri käyttökelpoisessa kunnossa, sekä kaksi nykyään käyttämätöntä navettaa, joiden välillä huone, kaikki saman parrukaton alla, säilytettävässä kunnossa.

10: Navetta pärekaton alla, uusi ja hyvässä kunnossa.

11: Kaksi vajaa, toinen päre-, toinen parrukaton alla sekä lato niiden välissä, pärekaton alla, uusia ja hyviä, pärekaton alla.

12: Riihi, jossa luuva ja akanahuone, pärekaton alla, hyvässä kunnossa. Riihessä pärevaja, joka hyvä.

13: Kaksi olkilatoa parrukaton alla, kunnossa ei valittamista.

Pellot: Hiekkamaata, kylvetään vuosittain 3 ½ tynnyriä ruista, ½ tynnyriä ohraa, 2 tynnyriä kauraa, 10 kappaa herneitä, 3 tynnyriä perunoita, 4 kappaa pellavaa. Niityt: antavat 30 häkkiä heiniä. Ladot pidetty hyvässä kunnossa. Maaperä: Keskikertaista. Metsä: riittää omaan käyttöön. Myös rakennuspuuta saadaan pienempää tarvetta varten. Kaikki rakennukset olivat joko uusia tai hyväkuntoisia. Talouskeskuksessa oli lisäksi säädösten mukainen humalatarha. Kaivoa ei ollut järven läheisyyden vuoksi.

Päätös Hietavalkaman perinnöksiostosta annettiin 24.08.1886. Tämä ostokirja kuului suomennettuna seuraavasti:

"Kamari-Toimituskunta Keisarillisen Suomen Senaatin talous-Osastossa tekee tiettäväksi: Että koska asukkaat Suomen Suuriruhtinaskunnassa, sen mukaan mitä asetus Helmikuun 21 päivältä 1789 ja julistus Tammikuun 24 päivältä 1790 verrattuna asetukseen Syyskuun 19 päivältä 1723 säätävät, ovat oikeutetut perinnöksi ostamaan laillisesti hallitsemiansa kruununtiloja, niin on Keisarillisen Senaatin Kamari-Toimituskunta armollisen asetuksen nojalla Toukokuun 10 päivältä 1869, tahtonut tämän avonaisen kirjan voimasta asukkaalle, talokas Herman Heikinpojalle, jättää ja myydä allekirjoitetun kruunun talonosan Hämeen läänissä Hollolan kihlakunnassa Lammin pitäjässä ja Lieson kylässä, nimittäin puolen Kalkon talosta n:o 15, joka kooltaan 1/2 tilaa ja 1/8 manttaalia, suorittaa 4 ruplaa 85 kopeekkaa maaveroa kruunulle pidätetty, ja jolle on hinnaksi pantu kahdeksankymmentäkuusi markkaa seitsemänkymmentäkaksi penniä Suomen rahassa, josta ennenmainittu asukas Keisarillisen Majesteetin Armollisen julistuksen johdosta Joulukuun 4 päivältä 1858, kuten sisäänlähetetty alkuperäinen kuitti osoittaa, lääninränttleriin on Toukokuun 8 päivänä 1886 suorittanut ja maksanut kymmenennen osan eli kahdeksan markkaa kuusikymmentäseitsemän penniä.

Keisarillisen Senaatin Kamari-Toimituskunta luovuttaa sentähden Keisarilliselta Majesteetilta ja Kruunulta ennenmainitun talonosan ja antaa sen ynnä kaiken, mitä siihen oikeudella kuuluu tahi vastedes laillisesti voitettaneen, asukkaalle talokas Herman Heikinpojalle omaksi perintötalollisen saantioikeudella nautittavaksi ja pidettäväksi niinkuin laki määrää, sillä ehdolla kuitenkin, että loput perintölunastusrahoista, sillä tavoin kuin vastamainittu julistus sisältää, siten suoritetaan, että kymmenesosa eli kahdeksan markkaa kuusikymmentäseitsemän penniä vuosittain seuraavan yhdeksän vuoden kuluessa, ynnä muitten kruununmaksojen kanssa asianmukaisesti maksetaan.

Jos kuitenkin tila tavalla tai toisella tulisi ostajalta tahi hänen oikeudenomistajiltansa pois voitetuksi, tahtoo Keisarillinen Senaatti ja Kruunu korvata heidän vahingonsa siitä. Niin tulee myöskin useinmainittu puoli Kalkon talosta n:o 15 allaolevan päivän jälkeen kruununtilasta perintötaloksi maakirjoissa siirrettäväksi. Jota kaikki asianomaiset alamaisuudessa noudattakoot.

Helsingissä, Keisarillisen Suomen Senaatin Kamari-Toimituskunnalta Elokuun neljäntenäkolmatta päivänä vuonna tuhatkahdeksansataakahdeksankymmentäkuusi."

Kuva 4. Hietavalkaman hirsinen asuinrakennus on edelleen olemassa. Taloa on kunnostettu ja vuorattu. Vuonna 1954 kesällä maalasin talon tarpeellisin osin yksikseni. Kuvan ottajaa ei tiedossa.

Matoniemestä n:o 16 kruununuudistaloksi

Matoniemi sai haltijansa tavallaan kahdesta maakirjatalosta. Isäntä tuli Äijälästä ja emäntä Alhoisilta. Tilukset talo sai Äijälän liikamaaosuudesta. Äijälän talon haltija Henrik Markuksenpoika luovutti 3.9.1779 oikeuden viljellä ja asuttaa Matoniemen torpan aluetta pojalleen Markus Henrikinpojalle. Isännyyden saanut Markus Henrikinpoika avioitui 15.12.1782 Alhoisen talollisentyttären Caisa Henrikintyttären kanssa. Torpan tultua kruunun vaatimusten mukaiseksi, se hyväksyttiin kruununuudistaloksi 19.04.1806. Keisarillisen Suomen Senaatin Kamari-Toimituskunta päätti *kahdentenakymmenentenäkahdeksantena heinäkuuta vuonna meidän Herramme Jeesuksen Kristuksen armollisesta syntymästä, tuhatkahdeksansataa ja kaksikymmentäneljä* hyväksyä katselmusten jälkeen kruununuudistalon oston perintöluontoiseksi taloksi. Torppari Marcus Henrikinpojasta tuli lopulta verotalon omistaja.

Koivula n:o 17 kruununuudistaloksi

Koivulan torppa hyväksyttiin 14.04.1807 kruununuudistaloksi n:o 17. Sen haltijaksi tuli asessori Frans Favorin. Hän luovutti samana päivänä oikeutensa Vanhakartanon Nisulassa vuonna 1775 syntyneelle Henrik Petterinpojalle, joka oli avioitunut Lammin vihkiluettelon mukaan ollessaan renkinä Jurvaniemessä Kuhmalahdella syntyneen, mutta piikana Porraskoskella olleen Anna Lisa Isakintyttären kanssa.

Koivulan talo ostettiin perintöluontoisiksi puoliskoina 01.10.1877 ja 02.06.1888. Talo jakautui Mustakanto 17:1 ja Koivula 17:2 nimisiksi tiloiksi. Guvernöörin päätöksellä tilat tulivat Gustav ja Henrik Henrikinpojille[10]. Koivulan talonumero oli aluksi 24. Keisarillisen senaatin 26.09.1910 antamalla päätöksellä sen numeroksi tuli 17. Valtioneuvoston päätöksellä talo siirrettiin Padasjoen Lieson kylään 01.10.1928 alkaen.

Koivuniemi n:o 18 perintötaloksi

Junnalan verotalon omistaja talollinen Michel Johaninpoika luovutti 15.11.1800 laaditulla sopimuksella oikeuden Koivuniemeen jo vuosia torpparina toimineelle Johan Jacobinpojalle.[11]. Hän anoi 25.09.1801 torpan muodostamista uudistaloksi. Ilmeisen vaurastunut torppa muodostettiin kruununuudistaloksi 18.04.1806 annetulla kuvernöörin päätöksellä asukkaaksi otetulle Johan Jacobinpojalle.[12] Kahdeksan vuosikymmentä myöhemmin maakirjan mukaan Keisarillisen Suomen Senaatin Talous-osasto myönsi asukas Henrik Joonaanpoika Koivuniemelle 08.11. 1886 perintömaankirjan Koivuniemen kruununtaloon n:o 18 Lammin pitäjän Lieson kylässä. Lampuodista tuli perinnöksioston myötä talon omistaja. Talo on pysynyt pitkään saman suvun hallussa.

---

[10] Guvernöörin päätös/Mma.La.22:3/. Arkisto nykyään Jyväskylässä eri signumilla. Lähde. 1994.s.133.

[11] Kansallisarkisto. Uudenmaan ja Hämeen lääninkonttorin arkisto/Kirje- ja päätöskonseptit v.1805-06/Da38).

[12] Lähde. 2007. s.219.

Riihilahti n:o 19 kruununuudistaloksi

Riihilahden torppa syntyi alueesta tehdyllä sopimuksella 20.08.1787, jonka mukaan Ranttilan verotalon osaomistajat veljet Tuomas ja Gabriel Johaninpojat luovuttivat omalta osaltaan oikeuden Riihilahden takamaahan eli heidän hallitsemaansa osuuteen liikamaasta veljelleen Johan Johaninpojalle. Torpan rakentaminen ja viljelyalojen raivaaminen vaativat tietysti runsaasti raskasta uurastamista koko torppariperheeltä.
Riihilahden ja Ankeriasniemen taloista asukkaineen olen laatinut oman kirjansa nimellä: Taattojen tantereilla.

Kuva 5. Yllä Riihilahden talo 1920-luvulla. (Kuva Pauli Riihilahden lainaama.)

Mikkola n: 20 kruununuudistaloksi

Mikkola sai tiluksensa isojaossa Yli-Pietilän n:o 1:2 liikamaaosuudesta ja muodostui maaherran 13.03.1806 antamalla päätöksellä kruununuudistaloksi. Talo ostettiin perintöluontoiseksi 09.02.1875.[13]

[13] Päätös maakirjan mukaan 09.02.1875 (Ca3:148.1.9.1853,§:8).

Ankeriasniemi n:o 21 kruununuudistaloksi

Ankeriasniemi syntyi torppana Lieson Frantilan verotalon talollisten Gabriel ja Tuomas Johaninpoikien luovuttaessa vuonna 1787 torpan alueen hallintavallan veljellensä torppari Erikus Johaninpojalle. Suomen Keisarillinen Senaatti päätti 17.04.1806 kruununuudistaloksi hyväksymisestä. Talosta tuli perintöluontoinen 31.05 1889. Torppari Erik Johaninpojan jälkeläisestä tuli neljännessä polvessa talon ensimmäinen omistaja.

Kotaniemi n:o 22 kruununuudistaloksi

Kotaniemen torpan alue muodostettiin liikamaaosuudesta tulleiden tilusten myötä kruununuudistaloksi vähän ennen jakokunnan isojaon päättymistä 14.04.1806. Kotaniemen talon numero oli aluksi 23. Pari vuosikymmentä isojaon jälkeen *"kahdeskymmeneskuudes maaliskuuta vuonna laskettuna Herramme Jeesuksen Kristuksen Armollisesta Syntymästä tuhatkahdeksansataa ja päälle kaksikymmentäneljä"* annetulla päätöksellä, joka allekirjoitettiin juhlallisesti. Perintötalon omistaja oli vänrikki Fredrik Wilhelm Favorin. Vuonna 1826 annetun kiinnekirjan mukaan talo siirtyi kapteeni Kristoffer Schildtille. Talon rekisterinumero muutettiin Keisarillisen senaatin 29.06.1910 antamalla päätöksellä numeroksi 22.

Tervakoski n:o 1 kruununuudistaloksi

Tervakoski muodostui Lassilan maakirjatalon n:o 10 liikamaaosuudesta. Torpan kehittymisestä Tervakosken kruununuudistaloksi annettiin päätös 11.04.1806. Torpparina oli ollut Kustaa Kustaanpoika. Tervakosken talo siirrettiin Keisarin 08.02.1826 antamalla päätöksellä Padasjoen Lieson kylään. Talo ostettiin perintötaloksi 22.08.1868.

Savikota n:o 2 kruununuudistaloksi

Savikodan kruununuudistaloa oli sen torppariaikana kutsuttu myös Saviksi ja joskus Savijoeksikin. Kaksiosaisen alueen toppareina ovat toimineet Matts Markuksenpoika ja Johan Henrikinpoika. jotka myös otettiin asukkaiksi. Savikota muodostettiin kruununuudistaloksi ja edelleen perintöluontoiseksi taloksi. Talon jako Ala-Savin 21 ja Ylä-Savin 2:2 tiloiksi rekisteritiin 22.08.1914.[14]

---

[14] Lähde: Isojaosta torppariaikaan. s.164.

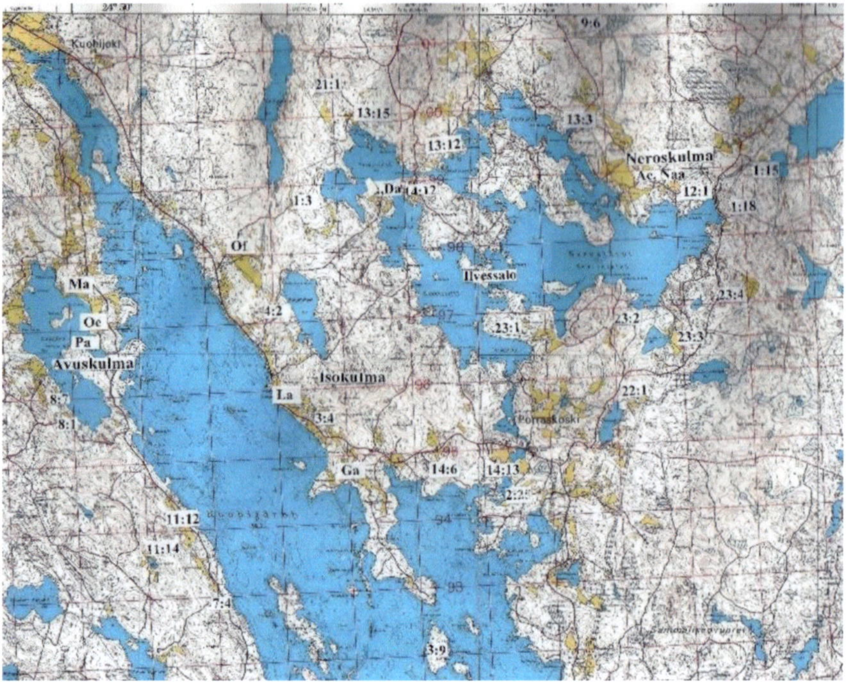

Kuva 6. Täydennetty Maanmittauslaitoksen peruskarttapohjainen kartta osoittaa Lieson maakirjatalojen 1-14 ja kruununuudistalojen sijaintipaikkoja.

Porraskosken saha loi asumakylän

Porraskosken saha sai alkunsa Ruotsin Kamari- ja kauppakollegion antamalla päätöksellä 23.11.1780 sahalaitoksen perustamisesta, sen jälkeen kun kihlakunnantuomari Wilhelm Leopold ja asessori Axel Fredrik Favorin olivat anoneet sahalaitoksen perustamista. Se sai oikeudet toimia verollepantuna sahana, jonka kapasiteetti oli kaksi kehää ja 18 terää, ja sahausoikeus käsitti 1800 tukkia vuodessa. Samalla alkoi kehittyä Porraskosken asumakylä. Luttulan ja Norolan torpat syntyivät sahan henkilökunnan tarpeisiin. Muutamia muitakin asuntoja oli pystytetty. Sahurien ohella tarvittiin useita ammatinharjoittajia. Saha tarvitsi seppää. Kankuriakin tarvittiin. Sellaisena toimi Johan Idström. Porraskoski sai kirkonkirjoissa oman otsikon vuonna 1780 ja oman sivunsa 1785[15].

Isonkulman alueella toimi 1900-luvun puolivälissä ja sen jälkeenkin useita sahayrityksiä. Osa niistä oli paikallaan toimivia. Osa oli liikkuvia sahausta harjoittavia. Paikallaan pysyvistä mainittakoon Matoniemen saha Porttilan lahdessa sekä Reino Virtasen saha Porraskoskella. Sahoja oli useampiakin. Eino Pöystilä toimi sirkkelisahurina. Paikkakunnalla kulki myös paikasta toiseen liikkuvia sahausta harjoittavia yrityksiä ja henkilöitä. Riihilahden päätalossa oli aikoinaan toimiva myllykin.

Käsinkiviä uutispuuron saamiseksi ja pikku jauhatuksia varten oli ilmeisesti lähes joka talossa aikoinaan. Kotitarvemyllyjä ilmaantui sähkövoiman tullessa kylään.

Porraskosken – Järventaustan kyläyhdistys

Lammin pohjoisosan muodostama Isokulma tai myös Järventaustaksi kutsuttu asumakylä on ollut merkittävä asumakylä. Porraskosken taajempi asuma-alue on liittynyt monin tavoin läheisesti Järventaustan ja Isokulman toimintaan. Taajaman syntyyn vaikutti aikoinaan voimakkaasti pitkä vesireitti koskineen, sekä jo 1700-luvun lopulla alueelle perustettu saha ja mylly. Puiden uittotoimintakin on ollut varsin mittavaa Nerosjärvestä Kuohijärveen. Porraskoskella ovat sijainneet 1900-luvulla kansakoulun ohella alueelle tärkeät kaupat ja sähkölaitos.

Alueelle perustettiinkin vuonna 2001 asukkaiden yhdistys. Se sai nimekseen Porraskosken – Järventaustan kyläyhdistys. Sen toiminta on ollut hyvin monipuolista. Mittavin tapahtuma on ollut heinäkuun alkupuolella pidetty Porraskosken pärskeet kylän vanhan koulun piha-alueella.

Porraskosken koulu sai alkunsa vuonna 1906. Mylläri ja isoisäni Johan Henrik Lähde (Lähteenmäki) teki suuremman ryhmän mielipiteiden perusteella kuntakokoukselle ehdotuksen kansakoulun saamisesta pitäjän

---

[15] Porraskoski-Järventausta. Menneisyyttä sanoin ja kuvin.2004. http://hamewiki.fi/wiki/Porraskoski

pohjoisosaan. Kuntakokous päätti 13.7.1906 perustaa anotun koulun Lieson-Järventaustan koulupiiriin. Nimeksi tuli Lieson-Järventaustan kansakoulu. Koulupiiriin kuuluivat Porraskosken ja Isokulman lisäksi Avuskulma ja Neroskulma.

Kuva 7. Yllä Porraskosken kansakoulu jo eläköityneenä. Vasemmalla luokkahuoneet ja oikealla opettajan asunto. Alakuvassa näkymä Nerosjärvelle Porraskosken padolta. Kuvat: H.K.Lähde.

Kuohijärvi kyläkeskeinen toiminnan väylä

Kuohijärvi halkoo Lieson jakokuntaa koko pituudeltaan. Noin parinkymmenen kilometrin mittainen järvi on toiminut kautta aikojen varsin merkittävänä kulkuväylänä ja kuljetusväylänä. Järvi kuuluu pitkään länteen johtavaan Kanta-Hämeessä ja Pirkanmaalla sijaitsevaan Hauhon reittiin. Sen suurimmat järvet ovat Nerosjärvi, Kuohijärvi, Kukkia, Iso Roinevesi, Hauhonselkä ja Ilmoilanselkä. Reitin latvavesiin kuuluvat myös bifurkaatiojärvet eli kahteen suuntaan laskevat järvet Lummenne ja Vesijako sekä niiden väliin jäävä Vehkajärvi. Pälkäneellä Hauhon reitin vedet laskevat Längelmäveden reittiin kuuluvaan Mallasveteen.[16]

Kuohijärvi on vaikuttanut monin tavoin asukkaiden elämään. Se oli tärkeä kulkuväylä niin kesällä kuin talvellakin. Kesällä pitkä kirkkovene kuljetti ihmisiä sunnuntaisin kirkkoon ja arkena vanhan asumakylän taksvärkkeihin. Matkat tehtiin samalla reitillä. Erona oli, että kirkkovaatetus vaihdettiin Liesossa. Maatalouden tuotteita myyntiin vietäessä tavarat saatettiin kuljettaa veneillä Liesoon, missä monilla taloilla oli tarpeelliset hevoskuljetusvälineet käytettävissä. Hevonen kuljetettiin ratsastaen Liesoon, missä tavarat kuormattiin eteenpäin vietäviksi.

Markkinamatkat kestivät usein enemmän kuin viikon verran. Monia matkoja tehtiin Kukkiankin suuntaan Kuohijoen kautta ja edelleen soutaen järven yli kirkonkylään tai kirkkoon. Laajasta kylästä ja tuon ajan kulkuyhteyksistä johtuen jokin muu kirkonkylä kuin Lammi saattoi olla sopivampien kulkuyhteyksien suhteen helpommin saavutettavissa oleva vaihtoehto.

Talvisin matkat kuljettiin jäätä myöten hevosella ja jopa luistellen. Syksyn ja kevään kelirikkoaikana liikkuminen järvellä oli mahdotonta. Jää ei kestänyt ja veneellä ei päässyt.

---

[16] https://fi.wikipedia.org/wiki/Hauhon reitti. Toukokuu.2017.

Alueen järvet palvelivat merkittävästi myös ravinnon antajina perheiden ja ruokakunnan energiatarpeeseen. Saalista sai jopa ympäri vuoden. Kutuaika keväällä oli antoisinta aikaa. Myös muikun kutu syksyllä oli tuottoisa. Kesällä yleisimpiä kalastusvälineitä olivat itse tehdyt katiskat ja pitkäsiimat. Verkkopyyntiäkin harjoitettiin etenkin muikun saannin aikaan. Muistan, kuinka lapsena omatekoinen muutaman metrin pitkäsiima viritettiin Valkaman hiekkarannalla kaislikon reunaan. Joskus tuli joku kalakin. Syvyyttä pitkään matalalla hiekkarannalla oli vain metrin verran.

Omatekoisella ongella ongittiin rannalta ja rantalaiturilta. Veneellä matkaa tehdessä oli tietysti paatin perässä usein uistin uimassa. Joskus tärppäsi. Kalliosaaren ympäristö oli hyvä kalapaikka. Matkakaan ei ollut kovin pitkä vähän varttuneempana soudellessa. Talvisaikaan pilkittiin ahkerasti. Kevään koittaessa jäiden lähdön jälkeen katiskat tuottivat runsaasti maukasta kalaruokaa sanomalehden sisällä uunin hiilloksella kypsytettäväksi. Sitä nauttiessa korvamato toisti laineiden liplatusta.

Kuva 8.Kirkkojen sijainti näkyy oheisesta yleiskartasta.

Kulkemisen valtimoväyliä avarsi tarve

Paikan sijainti on liittynyt läheisesti liikuntatarpeisiin ja vaikuttanut tärkeiden kohteiden välisiin kulkuihin. Ajan tavat ja tekniset mahdollisuudet ovat vaatineet tolalle tarpeellista tasoa. Aivan alussa se on ollut ihmisen yksin tai ratsain aikaansaama polku-ura. Tavarain kuljettaminen vaati isompia väyliä. Kaksikaistaisia hevosuria ne eivät kuitenkaan olleet.

Kaikki ei tuohikonttiin mahtunut. Ihminen on ymmärrettävästi alusta alkaen ollut taipuvainen ongelmien ratkaisuihin. Tuloksena oli monenlaisia taakan kuljetusmuotoja. Hevonen perässään olevine vetolaitteineen edellytti jo polkuja parempia kulkupaikkoja. Seurueiden ja tavaroiden kuljetus alueellamme saattoi jo tuhat vuotta sitten olla tarvetta useiden kymmenien hevoskuormien karavaania. Kulkemisen väylät ylöspitoineen olivat talonpoikien velvollisuutena. Syntyi tieverkoston alku.

Lähes vuosituhat sitten alkunsa saanut Lammin pitäjä on sijainnut Hämeen Härkätien ja Viipurinteiden sekä Savontien kohtausalueilla. Kulkusuunta pohjoiseenkin on ollut lähellä. Kirkonkylän ohella pitäjän pohjoisosassa sijainnut Lieson kylä on ilmeisesti saanut paljon vaikutteita kehittymisessään maamme pääkulkureittien läheisyydestä. Kulkureiteistä ja Lieson paikallisväylien syntyhistoriasta on varsin seikkaperäisiä kuvauksia Lammin historioiden ohella muissa Pohjois-Lammia käsittelevissä teoksissa.[17] Tämän vuoksi tyydyn tässä yhteydessä tuomaan esiin vain lyhyehkösti vuosisatojen ja itsenäisyytemme aikojen tapahtumia kulkuväylien kehityksestä alueella.

Laahaperäiset kuljetusmuodot saivat aikoinaan alleen niin jalaksia kuin pyöriviäkin kulkua keventäviä laitteita. Vähitellen raudoitetut puupyöräiset liikuntavälineet alkoivat muuntua kumirenkaisiksi. Vuosisata sitten hevosen vetovoima sai vaihtoehdoksi moottorien hevosvoimia.

Talonpoikien vastuulla olleita kulkuväyliä alettiin luokitella ja siirtää enemmän käyttäjien ja lopulta valtion vastuulle. Tosin aikaisemminkin tarpeen ja merkityksen laajuus vaikutti talonpoikien osuuksiin omalta tilalta kihlakunnan tasoon asti. Kihlakunnantiet, maantiet ja pitäjäntiet sekä vähitellen myös kylätiet tulivat yleisiksi teiksi. Vuonna 1865 rinnalle

---

[17] Lähde: Isojaosta torppariaikaan 1994 ja Lähde: Isojako ja Lieson uudisasutus 2007, väitöskirja, sekä Kyläseuran perinnetoimikunta: Porraskoski-Järventausta menneisyyttä sanoin ja kuvin 2004.

tulivat vielä kunnantiet. Tiestö ja kulku kehittyivät tarpeen mukaan. Itsehallintomme päätti vuonna 1898 Ruotsin vallan ajalta peräisin olevan liikenteen vaihtamisesta vasemmanpuoleisesta oikeanpuoleiseksi. Vuonna 1918 tielaki siirsi maanteiden pitorasituksen maanomistajilta valtion velvollisuudeksi. Vuonna 1927 maanteiden tienpito määrättiin valtiolle ja kunnanteiden osalta kunnalle. Kylätiet pysyivät osakkaiden vastuulla.

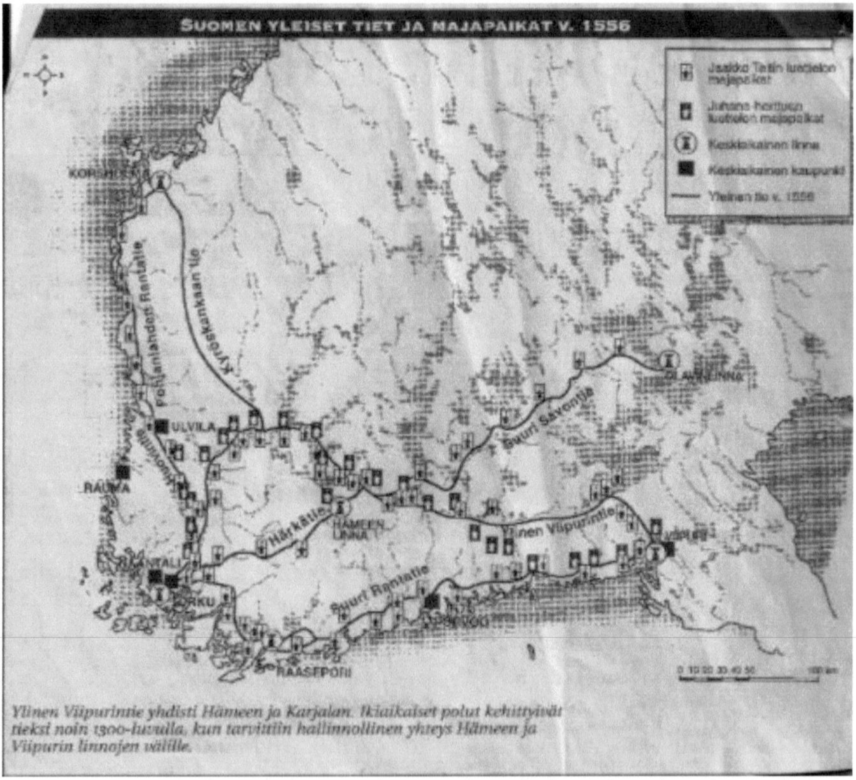

Kuva 9. Lammi ja Lieso ovat sijainneet kautta aikojen kulkuväylien yhteydessä. Kiitos Turun, Viipurin ja Savon linnojen sekä valtakunnan postin ja ihmiskuljetusten tarpeiden. Kuva: Etelä-Suomen Sanomista 1998.

Kuva 10. Tien laatu Lieson raitilla vuonna 1936 Kiurun kirjan kuvasta. s.167.

Itsenäisyytemme alussa teiksi sanotun kulkuverkoston määrä oli 30 000 km. Luku kertoo samalla kilometripylväiden määrän. Maassamme oli vuonna 1888 otettu käyttöön metrijärjestelmä. Osa pylväistä oli puisia, osa rautaisia ja monenlaisia kivipylväitäkin käytettiin. Niihin oli merkitty sininen ympyrä kertomaan kantatiestä ja punainen valtatiestä. Ympyrässä oli tien numero. Ympyrän yllä valkoisella pohjalla mustat numerot kertoivat etäisyyksistä kumpaankin suuntaan. Kivipylväiden teko päättyi vuonna 1963. Edellisenä vuonna autojen lukumäärä oli ylittänyt hevosten vastaavan. Pylväistä luovuttiin vuonna 1970.

Kuva 11.Entisajan tienviittaviuhka on muuttunut museoesineeksi. Kilometripylväästä on tullut ilmeisesti kaivattu muistomerkki. Kuvat Hauholta ja Savitaipaleelta: H.K.Lähde.

Kulkutarve ajoitti Kuohijärven ympärysteitä

Lieson rajasta Avuskulmalla Kuohijoelle: Kulkuväylä tarkoitti Lammin pitäjän rajalta Kuohijoelle kylätiehen päättyvää noin 3,5 kilometrin pituista väliä. Kalle Jallin anomuksesta Tervaniemen talossa 16.6.1910 pidetyssä kokouksessa todettiin tien olevan tarpeen vain Tervaniemen ja Riihimäen taloille. Talollinen Kalle Jallin osuudeksi tuli rakennettavaksi 1,3 km ja neiti Hilma Riihimäen osuudeksi 2,3 km pitkät tienpätkät. Tie Kuohijoelle sai alkunsa. Uusi suunnitelma tien parantamiseksi tehtiin maanviljelijöiden Kalle Tervaniemi ja Taavetti Ankeriasniemen sekä Juho Koivuniemen hakemuksesta maaherralle. Tervaniemessä 16.8.1931 pidetyssä kokouksessa tie todettiin tarpeelliseksi yhdistämään jo olevat kylätiet toisiinsa. Tie päätettiin rakentaa 3,6 metriä leveäksi ojien välillä. Sen tuli valmistua 31.10.1931 mennessä.[18]

Vähä-Evon – Riihilahden tie sai alkunsa 1800-luvulla

Tämän kotikyläni pisimmän tieyhteyden synnyn selvittämisen tallennan tähän muita tarkemmin. Järventaustan asukkaat pitivät Vähän-Evon ja Riihilahden välisen maitse kuljettavan tieyhteyden parantamista tarpeellisena ja tekivät 15.7.1861 asiasta hakemuksen kuvernöörille, joka antoi määräyksen maanmittarille selvittää Kuohijärven itäpuolisen kulkuyhteyden tarvetta ohi Porraskosken sahan. Ajan tavan mukaan selvittely aloitettiin pitäjän kirkossa kuulutetulla kokouksella 29.06.1863. Kulkuväylän aikaansaamiseen tarvittiin viranomaisia ja tietysti rakentajina talollisia. Maaston vaikeus ja talon suuruus huomioitiin osuuksia maastoon paalutettaessa. Maasto todettiin erityisen kivikkoiseksi koko matkalta. Porraskosken sahan kohdalla oli muutamia isoja maakiviä. Tieura Vähä-Evon kirkkotieltä Riihilahteen mitattiin 25560 kyynärän mittaiseksi.[19] Kärrytietä Ekotaipaleeseen oli noin 4700 kyynärää. Pöystilän torpasta johtava 5500 kyynärän pituinen polku todettiin helposti parannettavaksi. Vanhaa suuntaa oli 6720 kyynärää ja taakoitettua suuntaa oli 18840 kyynärää. Tien tekemisen tarvittaisiin 346 hevos- ja 1328 miespäivää.

---

[18]Lähde. Isojaosta torppariaikaan 1994.s.38.
[19]Lähde. Isojaosta torppariaikaan 1994.s.28.

Kuva 12.Porraskosken vanha puusilta. Kuva albumistani. Ottaja ei tiedossa.

Vähä-Evon kirkkotiestä alkava tie kulkisi Vähä-Evon järveä ja Ekojoen torppaa sivuten Kuohijärven lähellä suuntanaan Haapalahden ja Kankaan torpat ja sitten Porraskoski. Jokikohta ylitettäisiin pienen saaren kohdalta. Siitä tie jatkuisi Pöystilään lähestyen Kuohijärven rantaa kulkien Kalkon ja Jallin talojen sekä Westerlundin suutarin mäkituvan ohitse ja Hietavalkaman kohdalla talon rannan puolelta. Paavolan ohitse ja Ojamäen torpan kohdalla tie kulkisi pitkin lastooalueena toiminutta ranta-aluetta Riihilahden päätaloon asti. Katselmus suoritettiin 24.10.1864.

Kihlakunnanoikeus piti päätöksellään lakimääräisillä talvikäräjillä 7.2.1865 tietä tarpeellisena ja välttämättömänä Järventaustan asukkaille ja taloille sekä Porraskosken sahalle siihen asti. Lyhyemmän matkan osalta tietä tarvitsi myös Nuhkolan yksinäisrälssitalo. Kuvernöörinvirasto katsoi kohtuulliseksi kihlakunnanoikeuden harkinnan mukaisesti ja Kuninkaallisen 8.1.1735 annetun päätöksen nojalla määrätä tien leveydeksi kuusi kyynärää laillisessa kunnossa. Kuvernöörinviraston 31.12.1868 antamasta päätöksestä valitettiin, mutta Hänen Keisarillinen Majesteettinsa vahvisti armollisesti päätöksen 5.3.1870 sellaisena, kuin kuvernöörinvirasto oli sen tehnyt. Tien rakentaminen viivästyi valitusten vuoksi. Vuonna 1884 siltavouti A.Broman antoi vielä asiaan kuuluvan lausunnon:

"Että talonisännän Kustaa Jussilan Wähäewon kylästä ja sahanhoitajan Kalle Svenssonin Porraskosken sahalta läsnä ollessa on tarkoitettu sitä tietä, joka menee Wähäewon kirkkotiestä Riihilahti-nimiseen ruununtaloon Lieson Järventakana Lammin pitäjässä. Siinä on huomattu, että sanottu tie on hyvin raivattu ja sannotettu täyteen kuntoon, joka täten vakuutetaan. Lammilla marraskuun 12 päivänä 1884 A. Broman. Siltavouti."

Aikaa kului ja talolliset Adam Simola ja Johan Gustav Riihilahti liittivät yhteen edellä mainitut päätökset ja siltavoudin lausunnon sekä anoivat 28.11.1884 kuvernööriltä määräystä maanmittarille toimittamaan tienjaon. Kylätien rakentamis- ja kunnossapito-osakkuuksien jako aloitettiin 22.12.1885 kokouksella Wähäewon Harjulassa.

Loppukokous pidettiin Riihilahden talossa 23.6.1885. Tien pituudeksi tuli 26 104 kyynärää. Yksikkömääräksi saatiin 35 300 yksikköä. Ekojoen ja Ritalin sekä Porraskosken sillat yksiköitiin erikseen. Osuudet paalutettiin kolmena pääosuutena maastoon 22-23.6.1885. Ensimmäinen osuus oli 11 860 kyynärää pitkä käsittäen 16 504 yksikköä Wähäewon kirkkotieltä Laurilan talon rajalle. Toinen osuus Porraskosken jokeen asti oli 2554 kyynärää käsittäen 5192 yksikköä. Kolmas osuus Porraskoskelta Johan Gustav Riihilahden omistamaan Riihilahden taloon oli 11960 kyynärää.[20]

Nykyinen maantie on vain vähän eriytynyt vanhasta suunnasta. Esimerkiksi Pauli Riihilahden kotikonnun Koivuharjun kohdalta tie oikaistiin viime vuosisadan puolivälin aikoihin tehtyyn Kuohijoen tiehen. Lammin suuntaan tietä oikaistiin kulkemaan vähän kauempana rannasta. Hietavalkaman, Westerlundin ja Koskisen talot jäivät tien rannan puolelle. Pöystilän talouskeskus jäi tien itäpuolelle.

Muutokset olivat vähäisiä. Olin mukana näissä tietöissä viime vuosisadan puolivälissä ainakin yhtenä kesänä lapiomiehenä ja "konttoristina". Toimistoparakki ja välinevarasto olivat Paavolan tilan kohdalla. Lapio ja rautakanki olivat yleisimmät välineet. Koneita ei juuri ollut. Sora siirrettiin sorakuopilta tiealueelle hevosvoimin. Vain osittain se oli koneellista. Muistelen, että yhdessä autossa olisi ollut kolmeen suuntaan kallistuva kippi. Se oli ihmeellinen näky. Auton lavan nostaminen toimi silloin käsin väännettävän kippilaitteiston avulla.

Kuva 13. Yllä kuva Pöystilän kohdalta. Alakuvassa näkymä Riihilahden Koivuharjun mäeltä Lammin suuntaan. Ylempi kuva on albumistani. Alempi on kopioitu toimittamani kirjan kannesta. Ottajista ei valitettavasti ole tietoja.

Riihilahdesta Kuohijoelle

Kulkuyhteys Riihilahdesta Kuohijoen suuntaan oli vielä viime vuosisadan alkupuolella varsin vaatimaton lähinnä jalkapatikalle sopiva poukkoileva polku. Kuohijoella oli useita kauppoja. Niihin kuljettiin kotoanikin moottoriveneellä. Porraskosken kauppoihin oli tieyhteys. Niihin kulku jalan tai pyörällä tai hevosella oli ilman moottorivoimia hankalaa. Siksi kaupassa käytiin kesäisin vesiteitse Kuohijoella. Tapa jatkui vielä 1950-luvullakin. Sillan pielestä oli lyhyt kävelymatka kolmeen kauppaan.

Talvisin tie Lammilta päin pidettiin kulkukelpoisena useimmiten vain Lieson asumakylään asti. Niinpä Heikki Mukkulainen Kuohijoelta ja Heikki Lähde Isokulmalta tekivät läänin maaherralle 26.7.1937 anomuksen tieosuuden avaamiseksi Kuohijoelle asti. Tien koko pituus oli Riihilahdesta Pohjaslahden - Loukkaan kylätiestä Sappeen - Kyynärön maantielle 5020 metriä, josta Luopioisten puolella 4180 metriä ja Lammin alueella 840 metriä. Tien nimeksi päätettiin 4.1.1939 pidetyssä loppukokouksessa Kuohijoen - Riihilahden kylätie. Ajopinnan leveydeksi päätettiin IIIa - luokan tienä 5 metriä sekä ojien vuoksi yksi metri kummallakin puolen. Tien päätettiin valmistuvan 31.12.1941 mennessä.[21]

Porraskoski-Neroskulma-Auttoinen:

Porraskoskelle kehittyi lähinnä 1700-luvun lopulla perustetun sahan ja myllyn johdosta oma asumakyläyhteisö. Saha vaikutti voimakkaasti tieyhteyteen. Hevosella vietiin puutavaraa jopa Pietariin asti. Tukkikuorma oli hevoselle sopiva. Matka kesti useita viikkoja. Hevosura Riihilahteen päin oli vähäliikenteisempi. Myös Porraskoskelta Auttosille päin suuntautuva tieyhteyskin muotoutui myöhemmin. Sen parantaminen alkoi talollinen Erik Heinäjoen anomusta seuranneesta läänin kuvernöörin määräyksestä pidetyssä Lammin kirkossa kuulutetussa kokouksessa Porraskosken sahalla 08.09.1899. Pituudeltaan 10940 metriä pitkä tie paalutettiin rakennettavaksi ja jako lopetettiin 18.10.1900. Asiasta ei valitettu.[22]

---

[21] Lähde.1994. s.40.
[22] Lähde 1994.s 37.

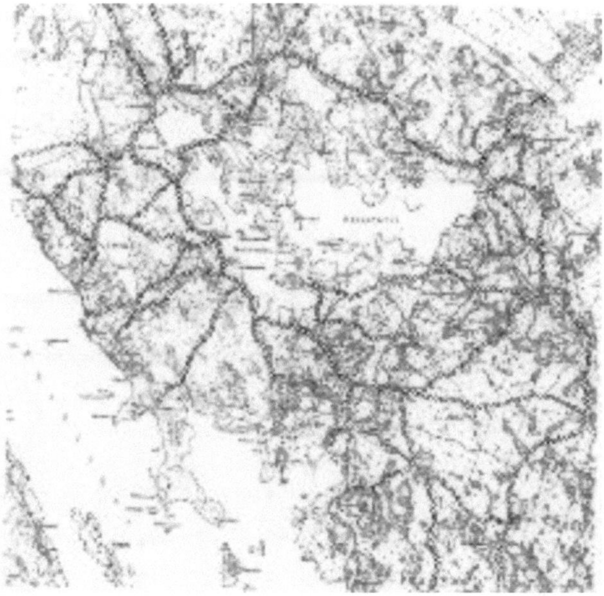

Kuva 14. Paikkakunnan oloja hyvin tuntevat Vilho Mikkola kotikontuni naapurista ja Raimo Eerola Porraskoskelta ovat tallentaneet kartalle erinomaisen arvokasta tietoisuutta viime vuosisadan alkupuoliskolla ahkerassa käytössä olleista kinttupoluista ja hevoskulkuväylistäkin. Kuva Porraskosken kyläkirjasta sivu.41.

Porttien kautta kouluun ja kylälle

Eipä siitä ole kulunut kuin runsas miespolven aika tuosta otsikon elomuodon ajasta. Vanhempani asuivat ja hoitivat taitavasti kuntoon saattamaansa kotitilaani. Minä olin ehtinyt jo kolmannelle vuosikymmenelle. Vielä 1950-luvulla oli kesäisin kolme porttia avattavana ennen kuin pääsi kesällä vajaan puolen kilometrin päässä olevalle kylätielle. Melkein ihmetyttää itseänikin tuo tilanne. Miksi niin? No siksi, että tilojen rajat oli aidattu ja maatilan omalla alueella oli viljellyt alueet ympäröity riukuaidoilla. Myös metsäalueet oli rajattu osittain eri alueiksi aitojen avulla. Kaikkien tilusteiden ja kummankin ulospääsytien kohdalla oli erilaisia portteja kulkemisen helpottamiseksi. Edellä kuvattu järjestelmä johtui maatilalla tapahtuneesta varsin monilajisesta karjataloudesta.

Karjatalous oli tavallaan kaksikotista. Talvella eläimiä hoidettiin omissa sisätiloissaan. Keväällä alkoi ulkoruokintakausi. Useimmat eläimet pääsivät omille laitumilleen keväästä syksyyn. Siksi talvikaudella ei portteja tarvittu. Kesäkausi oli niiden käyttöaikaa. Kevään tärkeitä tehtäviä oli kaikkien aitojen kunnon tarkistaminen talven jäljiltä. Tilan omat aidat hoiti tietysti tarvitsija itse. Tilojen raja-aidoilla tilanne oli toisin. Aitaustavoissa tapahtui 1800-luvun lopulla suuri muutos lainsäätäjän osoitettua omistajan sulkemaan eläimensä aitauksen sisäpuolelle.

Kuva 15. Vanhemmat aidat olivat lähimetsän riuuista tehtyjä. Piikkilangat tulivat käyttöön myöhemmin. Akkukäyttöiset paimenpojatkin helpottivat karjan paimentamista pelloilla. Kuva Savitaipaleelta. Takana vanha riihi:H:K.Lähde.

Aidoissa oli monenlaisia kululle avattavia kohtia. Lähinnä jalkapatikalle tarpeelliset kohdat avattiin siirtämällä riukuja sivuun ja takaisin. Tilusteiden kohdalla portit olivat sivulle käännettäviä. Ne piirsivät tiehen ympyrän neljänneksen. Portti oli tietysti avattava ulospääsyä varten ja myös suljettava aitakohdan ohittamisen jälkeen.

Karjalla oli omat laitumensa tarpeen mukaan. Lypsylehmien ja työhevosten laitumet olivat lähimpänä talouskeskusta. Hevosia tarvittiin lähes kaikkina päivinä. Lehmiä lypsettiin joka aamu ja ilta. Käsilypsy tapahtui lähellä olevassa karjapihassa. Maito saatiin nopeasti jatkokäsittelyyn ja jäähdytykseen.

Kulkeminen oli sodan jälkeen monimuotoista

Matka talvisaikaan linja-autolle oli kouluaikanani lähes pari peninkulmaa. Tienpito oli hankalaa. Sodan jälkeen ei aura-autoja juuri ollut. Mutkaisen kylätien auraaminen hevosvetoisella lumiauralla ei kunnolla onnistunut puuauran kieppuessa lumesta johtuen sivulta toiselle painoista ja ohjauslankuista huolimatta. Se auttoi kuitenkin hevosella kulkemista. Harvinaiset autot eivät juuri talviaikaan päässeet Lieson asumakylää lähemmäksi. Lieso oli toiminut jo edellisinä vuosisatoinakin eräänlaisena kulkuväylien pääteasemana hevosvoimien aikaan. Kulku Liesosta Isokulmalle ja Nerosjärven rannoillekin tapahtui jäitse tai vesitse ja jalkapatikkaa hyväksi käyttäen. Erityisesti tavaroiden kulkuun tarvittiin järvialuetta. Liesosta pääsi aikanaan autokuljetuksella Hämeenlinnaankin päin. Eipä sinne kovin usein kotoani menotarvetta ollutkaan. Joskus maanantaiaamuna. Se onnistui yksinkin. Ajoin yksin Hely-hevosella Liesoon. Laitoin ohjat kiinni rekeen. Hely matkasi lähes ravaten kotitallinsa ovelle odottamaan riisumista valjaistaan. Kyytiin pyrkijöiden oli turha yrittää rekeen. Siitä piti Hely huolen.

Yleisin matkanteon tapa oli jalankulku. Se sopi erinomaisesti vajaan peninkulman matkoille. Kerran kohdallani vähän pitemmällekin. Linja-auto Helsingistä myöhästyi kotiin kuljettavasta Hämeenlinnan autosta. Jouduin kävelemään Lammilta kotiin vajaat kolme peninkulmaa matkalaukun kanssa. Onneksi laukku oli tyhjä. Puhelimia ei ollut. Eipä ollut tiellä muuta liikennettäkään.

Vähän jalkapatikkaa nopeampi kulkutapa oli pyöräily. Sodan jälkeen pyöriä ei helposti saanut. Kansanhuoltojärjestelmä mahdollisti poikkeuksen. Pääsin kokeilemaan puurenkailla varustettua polkupyörää. Hyvä sillä oli ajaa. Kumikaan ei puhjennut.

Talvisaikaan noin viiden kilometrin kansakoulumatka sujui kotitekoisilla suksilla. Puusukset tehtiin kotona ja tervattiin kotipolttoisella tervalla. Kärjet ja jalkavuus saatiin tallinboksissa olevalla telineellä. Aluksi niissä oli automaattiset remmisiteet. Setäni tekemät kipparakärkiset huopamonot sopivat niihin hyvin. Myöhemmin oli luksusta saada nahkamonot. Niihin poltettiin raudalla metallisiteisiin sopivat kolot pohjiin kenkien kiinni pysymisen vuoksi.

Kuva 16. Sukset kiinnitettiin nuoruudessani jalkoihin monin tavoin. Yllä vasemmalla nahkasiteet. Oikealla monoille sopivat muistaakseni Voitto-nimiset metallisiteet. Kuvat:H.K.Lähde

Kovilla pakkasilla ja lumituiskuissa hevonen toimi avustajana kansakoulumatkoillakin. Kalkon rantapuun kohdalla oli joskus lapioitava mahastaan kiinni jäänyt hevonen irti lumikinoksesta. Ja matka jatkui. Hevonen oli pitkään sotien jälkeen pääasiallinen vetojuhta. Sillä kuljetettiin tavaraakin rattaiden tai rekien avulla. Kesäkelillä käytettiin tietysti omatekoisia rattaita ja talvella eri tarkoituksiin valmistettuja rekiä.

Ennen itsenäisyyttämme ja vielä 1900-luvun alkuaikoinakin talvisaikaan kunnossapidetty tie pitäjän kirkolta päin päättyi Liesoon. Roudan aikaansaama kelirikkokin oli este monena keväänä autojen kulkemiselle. Vaatimattomien sorateiden saviset kohdat routivat pahasti. Teitä oli lanattava usein. Muistan, miten vielä melkein rippikoulupoikana lanasin muutaman kerran traktorilla silloisen kylätien Riihilahdesta Vähän-Evon risteykseen. Nimismiehen kiharoita ja routaa oli ilmaantunut.

Vesialueilla talviaikaan kuljettiin monin tavoin. Lumettomalla jäällä potkukelkka oli kai yleisin kulkuväline. Usein talvisin tehtiin matkaa pitkin

Kuohijärven isoa selkää äidin kotitaloonkin. Matkaa oli runsas peninkulma. Railoja piti varoa. Pakkanen veti jäätä kokoon. Lämpeneminen laajensi sitä. Rannoille saattoi nousta harjakatollisia onkaloita. Penger esti jään laajenemisen ilman lämmitessä. Mutta luonnon voima painoi jäätä ja se taittui halkeamastaan kuin harjakatoksi. Jäätunnelissa oli kiva kontata. Mutta hevoselle ja reelle paikka oli este. Pieni tunneli saattoi tehdä tepposet kulkemiselle. Muistan, että jokin maanviljelysesine olisi pudonnut järveen tuollaisen tunnelin rikkouduttua Valkaman rannassa. Kesäaikaan kulkuvälineenä oli ymmärrettävästi kotitekoinen puinen soutuvene. Sisämoottorilla varustettuja veneitä oli useissa taloissa.

Sota-ajan oloissa nestemäinen polttoaine oli tiukasti säännösteltyä. Tuonti vapautui sodan jälkeen. Pulassa käytettiin puuta polttoaineena. Kesäisin harvoin nähty auto kulki häkäpöntön avulla. Huonosti palava puu kehitti häkää, joka toimi moottorin pula-ajan puubensiininä. Käynnistäminen oli työlästä. Tehot olit vaatimattomat. Matkustajat joutuivat mäkimaastossa ja huonolla kelillä työntämään autoa. Tein kotosalla tarvittavia pilkkeitäkin linja-autoa varten.

Muistoja teistä on monenlaisia. Tunne on kuin kotiin tulisi. Mielessä säilyy edelleen se tunne, joka syntyi, kun opiskelijana Helsingissä ja joinakin lauantaina pääsin palaamaan kotikonnulleni. Ei sellaisesta herkusta läheskään joka viikonvaihteena ollut varaa nautiskella. Ei edes joka kuukausi. Usein käynnin korvasi kotoa lähetetty paketti. Sen sisältö oli kotoisaa. Oli isän pyytämä hauki kotijärvestä: Äiti oli kypsentänyt sen voipaperiin käärittynä kosteassa lehtikäärössä. Uunissa paistetut leivät ja rievä täydensivät paketin antia. Käsin kirjoitettu kirjekin lämmitti.

Isäkin kyyditti usein pahoina tuiskuilmoina. Valoisa aika oli lyhyt. Niinpä matkaan lähdettiin aamuvarhain. Aamulypsykin oli aikaistettu. Lumi valaisi kulku-uraa riittävästi. No hevonen aisti kulkupaikan muutenkin. Eläimillähän on paljon paremmat aistit kuin ihmisellä. Liikkuvat oman aistitutkansa avulla pilkkopimeässäkin. Joskus lumituisku Kuohijärveltä tukkosi tieuran. Kynttilät tai öljylamput loistivat jo monista ikkunoista. Joku kulki piharakennusten väliä myrskylyhdyn kanssa.

Karjanpitoa navetassa ja laitumilla

Viime sotiemme aiheuttama poikkeusaika vaikutti elämäämme rauhan jälkeenkin. Olihan huomattava osa väestöstämme ollut sotarintamalla itsenäisyyttämme puolustamassa. Monesta talosta oli hevosia varusteineen otettu sotarintaman kuljetustarpeisiin. Hevonen oli tuohon aikaan maatilan ainoa vetojuhta. Tilanne vaikutti monin tavoin tilan eläinten pitoon. Se vaikutti töihin ja eläinten tiloihin sekä viljelyyn ja erityisesti heinän ja rehun käyttöön ja määriin.

Tilojen karjatalous oli varsin monipuolinen ja merkittävä osa elämää. Karja on osa elävistä olennoista kuten ihmiskuntakin. Tämä eläinkunta on vaatinut kautta aikojen jokapäiväistä huolenpitoa. Ihmisillä on siinä ollut pääosa ja päävastuu. Lomat ja vapaapäivät ovat tässä yhteydessä ongelmia aiheuttavia asioita. Hevonen oli välttämätön voimakone. Sillä keli määritteli kuorman. Lehmikarja tuotti ruohosta muokkaamansa maidon ohella lantaa viljelyksille. Keväthangilla lanta ajettiin pelloille pattereihin. Levittäminen suoritettiin talikolla ympäristöön leveilleen heilauttaen. Sikojakin oli muutama. Lihantarve oli tyydytettävä omalla tuotannolla. Siat teurastettiin kotona. Saatiin todella tuoretta mustaa makkaraa ja verilättysiä. Porsaitakin oli omasta takaa. Lampaita oli runsaasti. Villaa tarvittiin vällynahkojen ohella monenlaiseen vaatetukseen. Kanat munivat ahkeraan. Koira kuului lähes joka talouteen moniin tarkoituksiin kotivahdista metsästykseen. Seurakoirakin se oli. Niin olivat kissatkin. Ne pitivät kurissa joitakin pieneläjiä. Aitan oven kulmassa oli kolo kissojen kulkua varten.

Kuva 17. Navetan puhdistaminen tapahtui alkukesästä. Pestiin ja maalattiin kalkkivellillä. Lehmät lypsettiin nuoruusaikanani käsin. Kesällä ulkolypsykauden aikaan koululaisilla oli sopivaa työtä varjellessaan lehmiä lypsyn aikana paarmoilta ja kärpäsiltä. Potkaisu olisi saattanut kaataa maitoämpärin. Pitemmillä matkoilla käytettiin pikku-Valmetia maitotonkienkin kuljetuksiin. Kuvat: H.K.Lähde, yllä Orisbergista ja alla Pulsasta.

Karja oli tavallaan kaksikotinen. Talvisaikaan karjaa pidettiin sisätiloissa. Talli, navetta, sikala ja lampola sekä kanala olivat eläinten koteja. Kanala tarvitsi usein omaa lämmitystä. Muutamat eläimet tuottivat tarvitsemansa lämmön lähes itse. Vettä tarvittiin paljon puhtauteen ja juomavedeksi. Osa vedestä käytettiin jäinä. Maito oli jäähdytettävä niin talvella kuin kesälläkin. Jäitä oli varastoitu talvella katokseen purujen alle. Jäiden paloittelu ja haku purukasasta oli kesäisin jokapäiväinen asia.

Kuva 18.Rotanloukut ovat käyneet tarpeettomiksi eläintenpidon muuttuessa. Myös iloisesti visertelevät pääskyset ovat nykyään harvinainen näky pihaympäristössä.Kuvat: H.K.Lähde..

Rännin padassa hoidettiin kuuman veden saantitarve. Karjan juomavesi pumpattiin imupumpulla navettakaivosta rakennuksen yläosan säiliöön. Siihen pumppaamiseen ei puoli tuntia illassa riittänyt. Painovoima piti huolen veden siirtymisestä suuresta säiliöstä kunkin eläimen automaattisella umpiosulkijalla varustettuun juomakuppiin.

Kevään kasvukauden koittaessa veden tarve väheni huomattavasti. Suuri osa karjasta siirtyi laidunruokintaan. Pienet vasikat jäivät usein sisätiloihin. Kanoille avautui pääsy kanatarhaan. Lattiakanoiksi niitä kai nykyään sanottaisiin. Ruuasta kilpailivat luonnon linnut. Ne pääsivät tietysti kanatarhaan. Verkko oli aitauksena muutaman metrin korkuinen. Yläpuolella ei verkkosuojaa ollut. Kanojen lentämistä aidan yli vaikeutettiin joskus siipisulkia lyhentämällä.

Akkukäyttöisetkin paimenpojat tulivat vähitellen käyttöön. Niihin liittyivät virran kulkemista varten helposti siirrettävät metallilankaiset aidat. Erityisesti lehmillä oli tarve ”sotkea” kulkemisellaan koko käytössä oleva alue. Piikkilangatkin tulivat sodan jälkeen käyttöön.

Lehmä jalostaa ruohon maidoksi

Runsas puoli vuosisataa sitten lehmät olivat välttämätön osa omavaraistalouden toiminnassa. Eipä monenkaan mielessä enää ole, miten kauniisti emäntä saattoi kutsua lehmiä metsästä iltalypsylle. Usein kelloa kantava lauman johtaja oli kohteena jopa nimellisesti. Iloinen ilmaisu kiiri eläinten kuuleviin korviin. Niinpä lehmälauma lähestyi pian aitauksen porttia. Joskus lehmät tulivat hyvissä ajoin odottelemaan aitauksen ääreen utareiden tyhjentämistä ja siihen liittyviä iltapaloja. Ehtivät jopa kutsua emäntää avaamaan puista porttia. Siitä avautui kulkuväylä navetan lähellä olevaan karjapihaan. Näin maito kulkeutui luonnollisesti lähemmäs jäähdytyslaitteita ja muita tarpeellisia tiloja.

Lehmät lypsettiin yleensä karjapihassa. Emäntä tai karjapiika otti lehmän luokseen ja taputteli sekä istahti mukanaan tuomalle jakkaralle utareiden äärelle. Pyyhkäisi kosteahkolla puhtaalla rievulla utareet. Otti maitokiulun tai ämpärin polviensa väliin ja aloitti käsilypsyn joko puristaen tai vetäen. Maito suihkusi astiaan kummankin käden tahdikkaassa vuorottelussa. Tuloksena saattoi olla entisaikaankin lähes kymmenen litran kuohupintainen lehmänlämpöinen maitoannos. Lypsyrauhan lehmälle takasivat yleensä perheen nuorukaiset. Välineenä oli koivuvihtaa pienempi husa, jolla karkotettiin kiusaavia kärpäsiä puremasta lehmää. Lehmän liikahtaessa saattoi maitoastia kaatua.

Maito kiikutettiin heti siivilään ja edelleen tonkkaan, joka laitettiin jääaltaaseen. Jäät oli sahattu talvella ja varastoitu sahanpurujen avulla jääkatokseen tai kuoppaan suvella käytettäväksi. Lehmät jäivät karjapihaan tai lähilaitumelle odottamaan aamulypsyä ja pääsyä takaisin laitumelle. Lypsetty maito siivilöitiin välittömästi. Sen jälkeen seurasi usein separointi. Nopealla kylmentämisellä oli vaikutus säilymiseen. Iltamaidosta osa meni paikkaseudun lehmättömille asukkaille. Tinkimaidon hinkkirivi odotti kylmiössä hakijaansa.

Lämpimästä maidosta oli mahdollista saada myös viiliä seuraavaksi aamuksi laittamalla siihen siemeneksi jo olevaa viiliä. Talkkunajauho teki siitä aamun herkkupalan. Viileä talkkunavelli kesän erikoisuutena tuo vieläkin veden kielelle. Talkkunavelliä ei keitetty. Talkkunajauho on karkeahkoksi jauhettu perinteinen, usein saunan lämmössä paahdettu eri viljalajeista tehty jauho.

Kuva 19. Lehmät lypsettiin kahdesti päivässä eli aamuin ja illoin. Lypsykoneet tulivat avuksi käsinlypsyyn sotiemme jälkeen. Koneet toimivat alipaineella. Ulkona lypsäminen päättyi. Navetassa lypsäminen ja maidon käsittely koneellistui. Kuva:H.K.Lähde.

Maitoa jalostettiin ennen vanhaan suhteellisen pian moniksi tuotteiksi. Raakamaito ei kovin pitkään säilynyt. Siitä kotona tehty viili, piimä, voi ja juustot säilyivät pitempään. Nuoruudessani aittarivistöstä löytyivät erilliset aitat kutakin varastoimis- tai säilömislajia varten. Maitotuotteita varten oli maitoaitta. Lihatuotteita säilytettiin liha-aitan tiinuissa. Kalatuotteita ja kalastustarvikkeita varten oli oma aittansa. Talvi-ja kesävaatteet pidettiin vaateaitassa. Muitakin aittalajeja saattoi olla. Kesällä aitat majoittivat erityisesti nuorisoa. Rivistön edessä oli kotonanikin palkonki.

Maidon vienti meijeriin lisääntyi. Laatua mitattiin rasvaprosentin avulla sekä puhtausmittauksilla. Talojen lähelle kylätien varteen alkoi tulla korkeita maitolavoja. Aamulla niillä oli täysiä maitotonkia. Iltapäivällä ne palasivat tyhjinä tai osittain jopilla täytettyinä. Maitolaitureista muodostui pian aikakauden uutistoimistoja ja nuorison tapaamispaikkoja.

Maaseudun maidontuotannon mullistusta kuvaamaan mainitsen vain muutaman luvun. Vuonna 1960 maitotilojen määrä oli 243 000 tilaa. Ne tuottivat maitoa meijereihin lähes 2500 miljoonaa litraa. 50 vuotta myöhemmin vuonna 2010 tiloja oli enää vain 4 % eli 9900 tilaa. Maidon vienti meijereihin oli pudonnut vain runsaat 10 % eli lähes 2200 miljoonaan litraan. Maitotilojen määrä väheni nopeasti. Meijeriin viedyn maidon määrän muutos oli vähäinen.[23] Muutos näkyy myös Lieson kylässä. Maitoa tuottavaa tilaa saa jo hakea lähes kissojen ja koirien kanssa.

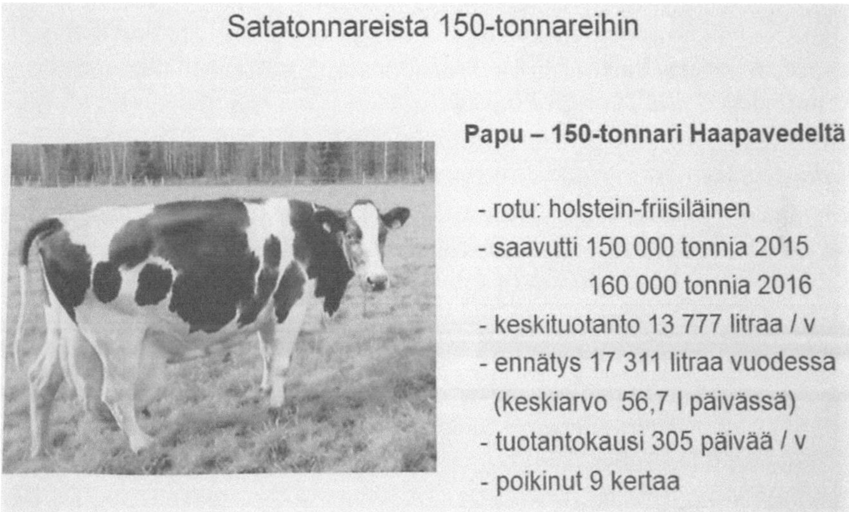

Kuva 20. Lypsylehmästä on ajan mittaan jalostettu melkoinen maidontuottaja. Oheiset tiedot ja kuva ovat Suomalaisilta historiapäiviltä Lahdesta helmikuussa 2017. Kuva: H.K.Lähde.

---

[23] Lähde:Helsingin sanomat 11.8.2012/Tike

Talonpoikaiskylän lisätoimintoja

Maatalous oli ennen koneellista apua varsin työvaltaista. Työvoiman tarve vaihteli niin satokauden eri vaiheiden kuin joskus säidenkin vaihteluiden mukaan. Työvoiman suuri tarve ajoittui vähäisemmässä määrin kylvötoimintoihin ja niiden valmisteluihin. Suurimmat työvoiman tarpeet kohdistuivat eri viljojen ja muiden kasvilaatujen korjuutoimintoihin sekä varastoimiskäsittelyihin.

Maatiloilla oli käytettävissä runsaita määriä sekä vakinaista että osittain myös tilapäistä avun tarvetta tyydyttävää väkeä. Maataloustöissä ilman konevoimaa toimiva väestö muodostui suurelta osin pysyvästä talon isäntäperheestä. Palkollisia oli nuoruudessani useita. Monille nuorille oli mahdollista toimia vuosia talossa asuen ja tavallaan täysihoidossa ollen ruokakunnan jäseninä. Kylän käsityöläisillä ja itsellisillä ei useinkaan ollut tarkasti aikaan sidottuja tai ilmoista riippuvia töitä. He olivat monesti mielellään mukana toisenlaisissa töissä. Lähes samassa asemassa olivat sekä palkolliset että muonamiehet. Piioista ja rengeistä muodostunut palkollisväki kuului usein talon isäntäväen kanssa talon isoon ruokakuntaan. Muonamiehet ja joskus perheelliset palkolliset muodostivat oman ruokataloutensa enemmän tai vähemmän talon puitteissa. Suuri merkitys oli edellä mainittujen lisäksi kylän itsellisillä ja käsityöläisillä sekä muilla ehkä osittain erikoistehtävien taitajilla.

Erilaisten työvaiheiden aiheuttamat työvoiman tarpeen vaihtelut heijastuivat koko ruokakunnan jäsenten työn sisällön vaihteluihin. Ne riippuivat osittain eri vuodenajoista. Karjatalouteen liittyvät tehtävät olivat vähiten riippuvaisia ilman vaihteluista.

Talviaikaan väkeä työllistivät monenlaiset metsätyöt. Ne sisälsivät hakkuita ja kuljetuksia. Kevät toi mukanaan puunkuljetuksiin liittyvät uittotoimet. Niiden pääsesonki saattoi tuoda asumakylään paljon lisähenkilöstöä muutamiksi viikoiksi. Sahateollisuuskin toi alueelle lisätoimintoja vielä viime vuosisadan puolivälin aikoihin. Alueellahan oli aikoinaan toiminnassa useita sahayrityksiä. Niiden lisäksi rakennustoimintaan liittyivät liikkuvat sirkkelisahat. Myös kesävierastoiminta toi vilkkautta kesäaikaan moniin Isokulman taloihin.

Maatalon menetelmät muuttuneet

Maatalouden ensiaskelia otettiin jo vuosituhansia sitten. Metsästys ja kalastus olivat apuelinkeinoina. Rautaa opittiin käyttämään työkaluissa jo ennen ajanlaskumme alkua. Pysyvä paikallaan asuminen muutti ajan suhteen verkkaisesti olosuhteita viime vuosisadan alkupuolelle asti. Muutoksen vauhti kiihtyi sotien jälkeen. Niin kiihtyi maiseman muutoskin. Taloon johtava kolmiurainen maastoon sopeutuva kulku-ura on kadonnut. Se on levinnyt ja saanut uusia pinnoituksia. Puiset portinpannat sekä pylväiden avulla helposti kääntyvät portit ovat poistuneet. Ne piirsivät aikoinaan puoliympyrää hiekkaiseen tienpintaan. Muutos on seurannut kulkuvälineiden kehitystä.

Karjanpitokin on saanut uusia tapoja. Kolmikantaisena karjan piti tuottaa lantaa sille heinämaamäärälle, jolta saatiin tilan karjan talviruokintaan riittävä heinämäärä. Tosin nuoruudessanikin harkittiin eläinten talvimäärää saadun sadon mukaan. Maidon tuotanto oli jo antoisampaa. Sitä säilöttiin aitoissa jalostettuna omalle väelle. Joka päiväksi sitä ei aina riittänyt. Lehmien ummessa olo kesti pitkän aikaa.

Vähitellen siirryttiin aikanaan karjanpidosta karjatalouteen. Maidon tuotanto jopa parikymmenkertaistui. Lehmästä kehittyi jalostuslaite, joka jalosti nauttimansa ruohon maidoksi, josta sai kymmeniä erilaisia tuotteita. Nyt ajat ovat toisenlaiset. Yksihevosvoimaisella laitteella ei enää teillä kuljeta. Hevonen ja lehmä eivät enää tallaa omia polkujaan eri laitumilla. Tilalla ei enää nähdä niittyjä eikä metsälaitumia. Talouskeskuksesta ovat hävinneet unholoiden uumeniin maitoaittojen ohella niin liha- kuin kala-aitatkin. Rivistöstä on kadonnut myös vaateaitta, joka kesäisin toimi ainakin nuorison nukkumatilana. Kotikissaa varten ollut aukko aitan ovessa on siirtyneet historiaan.

Nykyinen sukupolvi on kokenut monin verroin muutosten maailmaa. Ei sellaista ole ennen näin lyhyenä aikana tapahtunut tällä nopeudella. Muutoksen vauhti on vain kiihtynyt. Hidastumista ei ole näköpiirissä.

Pientä jalostamista ruuan hankkimisessa omalta tilalta ja sen säilömisessä tehtiin ennenkin. Se tehtiin kotona niin ruokakunnan ravinnon kuin myös karjan tarvitseman ravinnon jalostuksen raameissa. Kaikki oli ja on peräisin sieltä maan mullasta. Oletko tullut ajatelleeksi, mitä kaikkea lehmä tuottaa jalostaessaan nauttimaansa ruohoa.

Luonto on saanut kokea viiden viime vuosikymmenen aikana huomattavia muutoksia ihmisen toiminnan johdosta. Edeltänyt aika oli ollut raivausten ja pientilavaltaisuuden aikaa. Omavaraistalouskin kukoisti. Karjaa laidunnettiin metsissä. Se söi ruohoa ja osittain puita ja vesakoitakin, sekä lannoitti metsiä ja peltoja.

Uudisrakentajat uurastivat tilojaan kunnostaen otsa hiessä. Heitä oli paljon. Suurin joukko olivat Karjalasta muuttamaan joutuneet. Runsaasti oli myös muita. Koneellistuminen vaikutti maaseudun rajuihin muutoksiin. Uusi yllättävä ja lähes uskomaton muutos tapahtui vuonna 1969. Alkoi peltojen paketointi.

On vaikea kuvitella, mitä raivaajat tunsivat sisällään valtion pakottaessa jättämään juuri raivattuja peltoja viljelemättä heinittymään tai metsittymään.

Metsäkoneetkin alkoivat tehdä varsin avonaisia alueita.

Taksvärkkiä sulassa sovussa kuin vesilinnut talvella

Heinän ja viljasadon korjuutapahtumat vaativat paljon ihmisiä koolle samanaikaisesti. Tarvittiin kylän arjen auttajia yhteiseen uurastukseen. Syyskesällä oli otettava talteen tarpeellinen elatus niin ihmisille kuin eläimillekin uuteen satoon saakka ja oikeastaan vähän varastoonkin pahan päivän varalle, niin kuin ennen vanhaan sanottiin. Tavallisissa talonpoikaiskylissä, kuten kotikontunikin oli, elettiin omavaraistalouden ajaksi kutsutta kautta vielä viime vuosisadan puolivälissä. Vasta vuonna 1957 saatiin ensimmäinen tehdastuottoinen valmisruoka. Se oli Saarioisten tekemä maksalaatikko. Siellä "meilän äiti tekee teilän äitin ruuat." Näin sanoi pikku tyttö eräässä tv-mainoksessa. Talojen pelloilla tarvittiin työtehtäviin talkookansaa. Taksvärkkiväki oli asiassa oivaksi avuksi. Tinkivoin ja metsämarjojen lisäksi Pohjois-Lammin torppien väki teki muutamia taksvärkkipäiviä torpan päätaloon joko jalkapäivinä tai hevospäivinä. Kovin montaa niitä ei ollut näissä uudisasutustorpissa. Kartanoiden työvoimatorpilla oli paljon useampia työpäiviä. Niillä maksettiin torpan vuokraa.

Olin itsekin jo 1930-luvulla taapertamassa maatilan tehtävissä. Polvenkorkuisen pojan muistikuvat ovat kuitenkin varsin vaatimattomia. Uusien asioiden oppiminen ja ihmettely veivät oman aikansa. Siksi rohkenen lainata katkelmia setäni anopin 9.6.1962 antamasta haastattelusta.[24]

Haastateltava Matilda oli syntynyt samoihin aikoihin oman isoäitini Matildan kanssa vuonna 1874. Matilda piti taksvärkkitoimintaa monin tavoin mielenkiintoisena ja tärkeänä. Hän oli torpparintytär ja torpan emäntä. Niin oli Matilda-niminen isoäitinikin. Oma äitini ja isäni olivat myös torppareiden lapsia. Sukuja tutkiessani hämmästelin usein, että yleinen mielikuva torppareista ei oikein täsmännyt Lieson kylän torppien kohdalla. Torpparikysymys johdatteli selvittelemään asiaa. Tuloksena totesin kotiseutuni torpparien olevan uudisasutustorppareiksi kutsumiani pienviljelijöitä. Toinen suuri torppariryhmä oli päivätyötorpparit. He olivat erinomaisen merkittävä joukko, joka huolehti suurten tilojen ja kartanoiden työvoiman tarpeesta.

---

[24] Oma nauhoitus Kotimaisten kielten arkistosta.

Kotikylässäni Liesossa ei suuria viljelmiä tai kartanoita ollut. Kylän uudisasutustorpparijärjestelmä syntyi talonpitäjien jälkeläisistä isojaon yhteydessä ja sen jälkeen. Niinpä monet meistä ovat noin 1700-luvun kautta sukua keskenään. Edellä mainitut torpparijärjestelmät erosivat toisistaan lähes kaikessa muussa paitsi nimityksessä.[25] Taksvärkki merkitsi arjen apua Lieson taloille, joista kaikki torpat olivat muodostuneet.

Matildan torppa oli osa Lieson Peltolan taloa. Niinpä hän osallistui sen talon sadonkorjuutapahtumiin sekä toimitti oman tilan tuotteita taksvärkkinä. Matilda asui Nerosjärven pohjoispuolella. Hänen oli ensin talsittava Nerosjärven rantaan ja soudettava paatilla yli järven toiselle rannalle. Sieltä muutama kilometri Kuohijärven rannalle. Sitten seurasi vajaa peninkulma Kuohijärveä pitkin ja lopulta vielä muutama kilometri kävellen Peltolaan aamuauringon aikaan. Matilda muistelee tärkeää taksvärkkimatkaa seuraavasti alkaen Kuohijärven rannalta kohti Lieson vanhojen maakirjatalojen läheistä rantaa:

Isua selkää vasten oli tehty iso paatti. Kirkkoveneen ohella se palveli taksvärkkimatkoilla. Päätila oli Lieson Peltola. Siellä kävi Järventakaakin kuudesta seitsemästä paikasta taksvärkkiä tekemässä runsaasti väkeä. Taksvärkkiä tehtiin useampi päivä yhteen menoon.

- Isolt kulmalt lähletiin Riilahlest tai Valkaman ja Kalkon paikkeilta. Sinne oli tultu halki maan. Peltolas oltiin monta päivää. Yötä oltiin tallin parves ja heinälalos. Joku mahtu huoneisiinkin. Aamulla vanha emäntä tul kattoon ja hommas kahveet. Se oli lysti reisu se taksvärkin reisu. Sit väännettiin ja kähmittiin. Mentiin tanssaamaankin joskus. Vanha emäntä kehotti monasti, että menkää ny jo huokaamaa, muisteli Matilda.

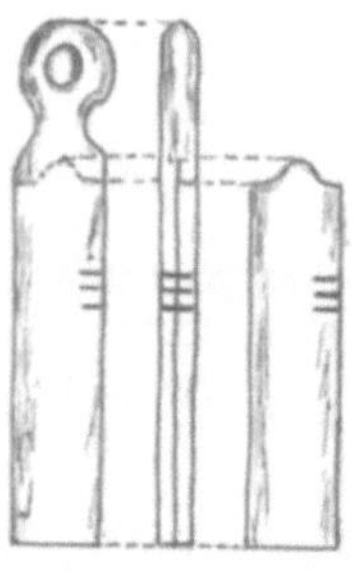

Kuva 21.Ohessa piirros pulkasta. Keskellä yhdistelmä sivusta katsottuna. Sivuilla isännän ja torpparin tositekappaleet. Kolme taksvärkkipäivää on näköjään jo tehty. Piirros itse tehty.

Matilda-mamma eli muutamaa kuukautta vaille 90-vuotiaaksi. Hänen saman talon emäntänä ollut tyttärensä siirtyi ajasta 95 ja puolivuotiaana.

---

[25] Lähde 2007. Väitöskirja.

Soiman mamma eläkepolullaan.

Kuva 22. Matilda 1940-luvun lopulla eläkemökkinsä polulla. Takana kumartuu kuvassa piiloon pyrkivä äitini. Kuva: H.K.Lähde.

Soiman mammalla oli kotopihassaan ”oma helli ja mökki." Siellä hän oli niin kauan kuin itse sai ruokansa tehtyä. Hän oli ollut *kätenä elel ohjaamas nuorempia* ja iloitsi uuden sukupolven menestymisestä. Matilda oli innokas marjastamaan ja soutamaan. Sitä hän kaipasi kirkonkylässäkin ollessaan.

- *Sinne Porraskosken suulle sinne Haukkakallion alepäin sitä soudeltiin. Sieltähän kulmalle sitten polku men oikoseen Pöystylän takamaan läpi Pöystylään. Siellähän minä aina kävin Matoniemessäkin. Minä oli ihmisten kans hyvis väleis, puheli mamma ja hymähti aina väliin pienen naurun poikasen tuttuun tyyliinsä.*

Marjastamisesta Matilda kertoi näin:

- *Ol semmoin sumuin ilma, että minä vähän kastunkin ja öksählin pikkusen siel yhles korves. Tulin sillon mustikast. Ja se Martta tyttären, joka nyt pitää sit tölliä yhlen pojan kanssa, Ossi ol sen pojan nimi. Kyl se sillon koko poika kans ol. Poikiahan sil ol. Se Martta hyppää, että kaks miestä varttuu Sinua. Tule nyt kotio. Ei hän tunne, ketä ne ol.*

Silloin minä jo ensimmäiseks työks sanon, että no ometas minä olen syntynyt, Mamma naurahti väliin ja jatkoi iloiseen tapaansa. Ehän minä itte kattelemas ollu, mutta äite-vainaa sano, että helmassan toin sano. Ei sillon mitään ollu. Ei mitään apua ollu, eikä tarvinnu lääkäriin mennä, totesi Matilda-mamma lopuksi.

Kuva 23.Talkoojoukkoa löytyi taksvärkkien lisäksi myös Isokulman entisissä kruununuudistaloissa. Yllä väkeä elotalkoissa Riihilahden talossa 1930-luvulla. Maan muokkaus saattoi tapahtua myös ihmisen ja hevosen yhteistyönä. Alla pellon jyräystä tasaiseksi Mikkolassa 1930-luvulla. Puujyrät olivat aikoinaan kotitekoisia laitteita. Kuvat albumistani, mutta ottajat tuntemattomia.

Kesävieraat Isokulman uudistaloissa

Isokulma vilkastui huomattavasti kesäaikana. Matoniemi aloitti vuonna 1921 kesävierastoiminnan. Seuraavina tulivat mukaan toimintaan Pöystilä ja Riihilahti sekä Ruuhijärvi. Riihilahti lopetti vuonna 1939 sekä Ruuhijärvi pian sodan jälkeen. Koivuharjun ja Rantaharjun tiloilla toiminta jatkui pitempään. Katso lisää Porraskoski-Järventausta kirja.s.234.

Pöystilässä vuonna 1933 valmistunut päärakennus mahdollisti kesävierastoiminnan. Aloittajien August ja Fredrika Pöystilän jälkeen asiaa hoitaa jo kolmas sukupolvi. Maatilamatkailun ja talonpidon ohella Pöystilästä on kiirinyt maailmalle myös muita maatalouteen liittyviä taitoja. Maaseudulla voi hoitaa ja harrastaa sekä kehittää monenlaisia maatalouteen liittyviä sivuelinkeinoja. August Pöystilän jälkeistä kolmatta polvea edustaa Marja-Liisa Lehtimäki hämäläisen ruokakulttuurin edistäjänä. Vuonna 1999 etsittiin hämäläistä herkkutuotetta pöytiin maakunnan yrittäjien yhteiseen käyttöön ja Maakuntien ruokajuhla-2000 tapahtumaan Helsingissä. Kilpailu taisi tuottaa yllätyksiä. Neljästä palkinnosta kolme matkasi Lammin Järventaustan Pöystilän sukuun.

Marja-Liisa Lehtimäki on kasvanut lapsuuskodissaan täysihoitolassa ruuan laiton tuoksuisessa ilmapiirissä. Hän on kiinnostunut maaseudun mullan tuotteista sekä kouluttautunut ja toiminut alan taitojensa edistämiseksi. Aikanaan hän kioskinpitäjänäkin. Oman tuvan tuotteiden siirtäminen kansalaisten nautittaviksi on kohdannut kuitenkin byrokraattisia ongelmia. Kilpailu hämäläisistä herkuista tuotti ansaittuja arvostuksia. ”Meilän äilen imelälimppu” tuotti palkinnon. ”Talkkunainen” sekä ”Puolukkahessailu” lisäsivät palkintosaaliin kolmeksi. Vain yksi eksyi muualle.

Iki-ihanana muistona kotikonnun makunautinnoista sain nauttia onnistuneen väitöstilaisuuteni jälkeen kahvipöydän sisällöstä. Tunne oli sanoin kuvaamaton. Kotikyläni silloinen oltermanni Pauli Riihilahti Paula-vaimoineen saapui väitöstilaisuuteen Otaniemeen korkeakoulun tiloihin mukanaan samana aamuna ja vielä kasteenraikkaina tuoksuvat kotiseudun kedon kukkaset sekä edelleen lähes lämpöiset sukulaisen ja ystävän Marja-Liisan taikomat kahvipöydän maukkaat pullanautinnot. Ne osoittivat, miten sydän ja vatsa voivat olla yhdessä tunnelman täydentäjinä.

Silmien tallentamat tunteet kirvoittavat edelleenkin uskomattoman kyyneleen silmäkulmaan. Mikä sydämestä lähtee, se osuu sydämeen.

Metsäkone korvasi korjuu- ja uittohommat

Metsätalouden koneellistuminen tapahtui selvästi maataloutta myöhemmin. Hevosella oli metsätöissä vielä viime vuosisadan puolivälissä keskeinen asema. Hevosta tarvittiin vasta, kun puu oli pitkänään käsiteltynä kuljetuskuntoon. Sitä ennen tapahtui monenlaista uurastusta.

Metsätyöt alkoivat pian joulun jälkeen. Oli vietetty pari ansaittua ja leppoisaa viikkoa kotipuuhissa sukulaisten ja ystävien kanssa. Nuutti oli päättänyt joulunajan. Kehokin kaipasi jo arjen askareita. Niitä löytyi. Omavaraistalouden aikaan piti huolehtia alkutalvesta mahdollisten myyntipuiden hankinnasta ja sen lisäksi runsaan vuodenkierron aikaisesta omasta tarpeesta. Elettiin uuninlämmitysten aikaa. Talouskeskuksen puusyöppöiset uunit useissa rakennuksissa tarvitsivat monenlaista puuainesta. Liiterin tuli olla täynnä tulevana syksynä. Pakkasen paukkeesta ei juuri etukäteen tiedetty. Tiedettiin vain, että lämmitystä tullaan tarvitsemaan. Määrä oli arvailun varassa.

Riimittelin tähän muutaman säkeen tämän vuoden härkäviikkojen askareista. Viikkoja oli tänä vuonna 2017 kaikkiaan kolmetoista. Vuodenvaihdetta riimittelin seuraavasti.

Monenlaiset muistamiset
pöytäin annit suurenmoiset.
Yltäkyllä melkein huokaa;
helpotusta oloon tuokaa.

Härkäviikot avun tuovat,
reikäleivät, eväsjuomat,
täydet viikot, kolmetoista
pyhätöntä, arjen erikoista.

Metsätöihin ennenvanhaan
talven selkää taittamaan
hevoset ja miehet meni.
Naiset pirttitöissä uurasteli.

Puusta kerättiin nuoruudessani lähes kaikki, mitä siitä saatiin. Sahanpurua tarvittiin kesäksi jäiden säilyttämiseen. Pienaineiden talteen otto jatkui. Kuusen oksilla oli monta käyttöä. Kaikki otettiin talteen ja kuljetettiin karjapihan ja puuliiterin lähelle kuin pinoon aseteltuna. Kasa muodosti kevään lähestyessä varatyömaan. Hakokirves ja sopivan korkuinen hakkuupukki pystyyn. Kun ei muuta askaretta ollut, pukki kutsui. Kuusenoksista saatiin hakoja lypsytarhaan ja joskus vähän navetankin pehmusteiksi. Käytössä hakotukin yläpää sai uusia muotoja. Sormenpaksuisista oksista tehtiin heinäseipäisiin nappuloita.

Kuva 24.Runsas puoli vuosisataa sitten maatilalla olivat varsin ahkerassa käytössä hakokirves ja tukkisakset. Hakokirveellä tehtiin talouskeskuksessa muun työn ohella haoista pehmikkeitä lehmille ja puita liiteriin sekä nappuloita heinäseipäisiin. Tukkisakset olivat ahkerassa käytössä metsissä pääasiassa talviaikaan siirrettäessä tukkeja paikasta toiseen ja tukkikuorman teossa resloihin. Kuvat Nastolasta ja Vantaalta: H.K.Lähde.

Kuva 25.Talven yksi tärkeä tehtävä oli jäiden otto kesäjäähdytyksiin. Kuva albumistani. Ottaja tuntematon.

Paksummat oksat saivat saman käsittelyn ja lennähtivät liiteriin vietävään kasaan. Ne olivat tavalla tai toisella pinottava ainakin lievästi ilmavasti. Kuivuminen oli tärkeää tulevaa käyttöä varten. Tuore puu toi tuskaa kylmässä uunin tai hellan sytyttäjälle. Kuiva puu syttyi helpommin. Mutta puusta oli vielä paljon jäljellä sekä puuainesta että monenlaista askaretta. Itse korjattu puutavara lämmitti monta kertaa.

Metsätöiden koneellistaminen vei huomattavasti aikaa. Maataloudessa hevosvetoinen laite oli helppo muuttaa tehotoiminnaksi. Tosin moottorisaha saatiin kehitettyä kohtuullisessa ajassa. Kuljetustapojen muuttaminen olikin jo paljon hankalampaa. Hevosvetoinen maakuljetus ei juuri teiden tekoa tarvinnut. Konekuljetusta varten tarvittiin jo tukevampaa tiepohjaa. Traktorikin vaati kuormineen suhteellisen kovaa tiealustaa. Joka talvi ei ollut riittäviä pakkasia. Kuorma-autokuljetusta varten tarvittiin jo hyvinkin kantavia metsäautoteitä. Metsäautotieverkosto alkoi kehittyä viimevuosisadan puolivälin jälkeen. Osittain siihen vaikutti vapaa-ajan asuntojen lisääntyminen. Niidenkin kulkuyhteyksiä voitiin parantaa metsäautoteiden avulla.

Metsien tuotteita kuljetettiin huomattavat määrät vesiteitse. Sotien jälkeen vuonna 1950 oli metsätöissä palkattua väkeä noin 310 000 henkeä. Siitä noin 170 000 oli hakkuutöissä. Puutavara-ajoissa oli runsas 110 000 henkeä. Uittotöissä oli 50 000 ihmistä. Heistä ilmeisen moni oli ollut talviaikaan hakkuutehtävissä. Uittotehtävien siirto maakuljetuksiksi oli selkeästi suuri muutos monin tavoin.

Puuston tultua korjuuvaiheeseen alkoi pääasiassa talvinen uurastus korjuutöissä. Lunta oli nuoruusaikanani metsissä nykyaikoja enemmän. Pääsy kaadettavan puun juurelle vaati joskus pitkävartisia huopatossuja, joskus lapioitakin. Puun alaosa oli saatava hyvin esille ennen pokasahan tai justeerin käyttöä. Ei ollut kiva katsella kesällä, jos kannot olivat kuin rippikoulupoikia. Puun kaato vaati notkeaa selkää.

Kirveellä karsittiin alaoksia ja veistettiin kaatolovi osoittamaan, mihin päin puun piti kaatua. Seuraava väline on pokasaha ohuempien puiden kaatamisessa. Tyvestä paksummat puut kaadettiin kahden miehen sahalla eli justeerilla. Saha äännähteli tahdikkaasti minuutin tai parin verran. Sahauksen loppuvaiheessa puuta työnnettiin asettamalla kirveen terän kulma sitä toisella kädellä tukien sopivan korkealle ja varrenpää vaikkapa olkapäätä vasten valittuun ja kaatolovella merkittyyn suuntaan. Seurasi ehkä pienen ähkäisyn sisältänyt hiljaisuus varoitushuutoineen. Puun lähdettyä kaatumaan oli äkkiä väistettävä vastasuuntaan, jotta ei raskas tyvipää puun maahan rojahtaessa heilahtaessaan murjonut kehoa toimettomaksi. Puun kaatuessa oksat taittuivat ja osittain katkesivat räiskyen ja puu rojahti maahan pitkin pituuttaan. Alkoi kuulua kirveen ääni oksien irtautuessa rungosta. Pätkimisessä oli pokasaha parempi vaihtoehto. Siinä oli metrin merkit valmiina. Monia muitakin vaiheita oli riippuen siitä, tehtiinkö puista halkoja vai massaa tai tukkeja. Tukkisaksilla käänneltiin ja vähän siirreltiinkin tukkeja tai massapölkkyjä. Siten metsuri halusi auttaa seuraavan vaiheen eli hevosmiehen työtä. Sitä oli ajateltu jo kaatosuuntaa katsottaessa.

Kaato-operaation perinteiset välineet ovat peräisin jo 1800-luvulta aluksi sepän tekeminä, mutta myöhemmin tehdasvalmisteina terien osalta. Sahan ja kirveen puuosat tehtiin tietysti puhdetöinä tuvassa kynttilän tai öljylampun valossa. Synnyinkotiinikin sähkö tuli vasta ollessani noin rippikouluikäinen.

Omat kotisavotat olivat muutaman kilometrin päässä puiden keväisistä määränpäistä. Metsätyöt tapahtuivat pääasiassa Säynäjärven ja Nerosjärven väliseltä alueelta. Hevoskuljetusta oli enimmillään lähes kolme kilometriä takamaalta alas lievää alamäkeä Säynäjärvelle ja edelleen sen yli ja vajaa kilometri Kuohijärven lastoopaikalle vesikuljetuksia varten.

Hyppäys lihasvoiman käytöstä sorminäppäryyteen

Metsätalouden rakennemuutos merkitsi isoa hyppäystä lihasvoiman käytöstä tehokkaaseen konekäyttöön. Siinä ei ollut maatalouden tapaisia välimuotoja. Kirves, pokasaha, justeeri, hevonen kuljetusvälineineen sekä vesistöjen kulkuväylät lastooalueineen ja varastopaikkoineen poistuivat nopeasti ja lähes täydellisesti. Siksi muutos kesti maataloutta kauemmin. Aikanaan kehittyi monitoimikone puuston käsittelyyn ja osittain myös kuljetukseen. Vesiväylien kuljetusmahdollisuuksien korvaaminen edellytti mittavan ja raskasta kuormitusta kestävän metsätieverkoston rakentamista. Toteutuneena metsätalouden muutos aikaansai ainakin yhtä mittavan ammattien ja ihmisten työtaitojen täydellisen lakkauttamisen tarpeettomina kuten maatalouden puolellakin.

Muutostapahtuman lopputuloksena kehittyi metsään tehokkaampi monitoimikone kuin maatalouden tehtäviin. Nykyään vertailu onkin jo hankalampaa.

Kuva 26. Hevonen oli ymmärtäväinen ja tarpeellinen voimakone metsässä tukkipuita kuljetettaessa. Kuva albumistani. Kuvaaja ei ole tiedossa.

Kuva 27. Lähtöpaikoille oli edullista sopiva vedensyvyys rannalla sekä siitä maalle lyhyehkö sopivasti järvelle kalteva rinne, jonka päällä tasainen alue. Halkoproomut vaativat muutaman metrin syvyyden. Rinne kohosi pari metriä proomun yläpuolelle. Silloin syntyi kalteva helposti tuettava lankkurata jopa parin halkokuution kuormien kuljettamiseen lastoopaikalta proomuun. Tukkitelat tarvitsivat ehkä vähän toisenlaisen rinteen tukkien vierittämiseksi järveen tukkilautaksi. Yllä kotikontuni Kuohijärven rannalla suuren haavan lähellä ollut lastoopaikka. Alla miehiä parin motin kuormakärryineen valmiina kuljetuksiin. Kuvat Porraskosken kyläkirjasta sivuilta 193 ja 194.

Puu metsästä veden ääreen

Puiden kuljetus uittamalla oli tietysti yksi osatoiminta metsätaloudessa. Laanipaikan tuli olla sijainniltaan sellainen, että puut saatiin kohtuullisen helposti ja turvallisesti järveen. Seuraavan vaiheen keskeinen osallistuja oli ajan ainoa voimakone. Se oli suomenhevonen. Laaja välineistö tuli olla tehtävään sopivaa ja kestävää. Kuorman riuhtaisu liikkeelle vaati hevoselta voimaa ja vahvoja valjaita. Liikkeellä pito sujui jo helpommin. Pahassa paikassa olevat tukit tuli vetää yksi kerrallaan. Kuljetuksen välineet vaihtelivat tavarasta ja matkastakin johtuen. Halkotavara ja myös parimetriset massat kuljetettiin vähän rekiä leveämmässä reslakehikossa. Sen alaosan runkona olivat molemmin puolin tukevat monimetriset ohuehkot tukit liitettyinä poikkipuilla tukevasti toisiinsa. Reunoilla kuormaa pitivät koossa kunnon kalikat. Alla kulkua helpottivat toisiinsa ristiketjuilla kytketyt reet. Etu- ja takareki vaativat alleen kuorman kanssa vähän parempaa polkua. Reslaa saatettiin vetää myös vain etureellä laahaperässä. Ei ollut vielä varaa ostaa takarekeä, saattoi joku lohkaista. Etureen varassa kuljetettiin joskus tukkejakin. Matkaa metsästä rannalle tehtiin etureen ja takareen avulla. Tärkeää oli myös huolehtia voimakoneen energiasta. Hyvät heinät kelpasivat ja myös vilja-annos pääpussista nautittavaksi.

Lopputalven keleillä talven korjuupuusto kulkeutui monien vetojuhtien vetämänä laaneille. Suuret puuvarastot kertyivätkin kotitaloni ja Riihilahden talojen rannoille odottamaan rantarinteillä jäiden lähtöä ja pääsyä Kuohijärven laineille. Mittavat halkolaanit ja massapinot sekä tukkitelat muuttivat rantamaisemaa oleellisesti. Huomattavia määriä puita kulkeutui myös Nerosjärven ympäristöstä Porraskosken kautta sekä kanavalla Evon alueelta.

Kuva 28. Keväisen tapahtuman mittavuutta osoittaa oheinen kuva Nerosjärven rannalta Mäkelän Putaanlahdella. Muistikuvani mukaan Kuohijärven rannalla oli vielä suurempia määriä puutavaraa odottamassa vesikuljetuksia. Kuva kirjasta: Kiuru 2002.s. 57.

Kuva 29.Yksi muunnelma lastookärryistä Turun merimuseossa. Kuva: H.K.Lähde.

Puutavaran kuljetus oli varsin monimuotoista. Halkotavaraa kuljetettiin proomuissa. Massapölkyt olivat jo vähän suurempia, parin metrin pituisia. Isot tukit muodostivat ymmärrettävästi suurimman kuljetusmäärän. Halot lastattiin runsaan kuution lastauskärryillä proomuihin jatkokuljetuksia varten. Massapuut ja tukit vieritettiin puomien ympäröimiin lauttoihin. Pienet alukset vetivät laaja-alaisia puulauttoja kohti Kukkiaa.

Kuva 30. Puomit liitetään toisiinsa kirveellä tehtyjen reikien kautta pujotettavilla näreillä. Taitajan käsissä kuusennäre taipui jopa köydentapaan käytettäväksi. Yksi taitajista oli Reino Halin. Kuva: H.K.Lähde.

Vonkamieheltä ponttoolle

Porraskoskeen on liittynyt läheisesti tukkilaisuus ja saha sekä koski. Mittava keväinen tapahtuma näkyi vielä viime vuosisadan puoliväliin asti myös Isokulman alueelle. Puuta kerääntyi niin tukkeina kuin massapölkkyinä ja halkoinakin kotikontuni Ojamäen ja Riihilahden rannoille. Jäiden lähtö toi tukkilaisten myötä mittavasti uutta eloa kylään. Alueen läpihän johtaa Padasjoen puolelta alkaen vesireitti Hauholle ja edelleen merelle. Uittoaika on opettanut monia ohjaamaan puiden ja pölkkyjen juoksua luonnon virrassa. Kuusennäreistä väännettiin lenkkejä puomien sitomiseksi toisiinsa. Vähän ohjailua se joskus tarvitsi kankien ja kuusimetristen uittokeksien avulla sumien syntymisen estämiseksi. Keksin varren toisessa päässä oli haarakas rautapiikki ja yläpäässä saattoi olla latvasta kietaistu sutinpurikka, ettei sohittaisi ketään silmään tai keksi irtoaisi kädestä. Tapio Rautavaarakin oli nuorena miehenä mukana uittohommissa. Uittoajan elomuoto elää vielä monien mielen muistissa.

Vonkamies oli merkittävä huolenpitäjä puutavaraa uitettaessa järveä enemmän liikkuvassa vedessä. Ponttoo toimi avoimella järven selällä ikään kuin vonkamiehen toiminnan jatkajana isoissa kuljetuksissa. Lihasvetoinen kuljettaminen oli laivaveturin vaihtoehto. Laivoja ei juuri ollut viime pulan aikaan. Oli turvauduttava yksihevosvoimiseen voimakoneeseen. Se oli suomenhevonen. Tukeva, tiivispohjainen sopivankokoinen lautta kunnostettiin alkukesää varten. Se oli ponttoo eli kelluva lava vedessä, jolla oli hevonen hevoskiertoineen, miehet majoineen ja tykötarpeineen. Vöörholli oli toimintavalmis varppikasa, tukevaa köyttä, jota myös liinaksi sanottiin. Se kiertyi pyörivän vorokin ympärille hevosen kiertäessä. Kestävyys oli merkittävä asia. Ponttoohan oli hevosen ja noin 6-7 tehtävänsä tuntevan miehen koti keväällä muutaman viikon ajan. Kaikille tarvittiin välineet ja muonitus. Hevonen ja miehet tarvitsivat käyttöönsä vorokit tykötarpeineen, kaksi ankkuria ja hyvää varppia ainakin parisataa metriä.

"Lähtö rannasta oli juhlava hetki, kun kaikki oli saatu kuntoon. Ankkuripaatti oli viety ankkurin varppauksen päähän. Hevonen oli valmis kiertoon. Vöörhollin tekijä oli saanut varpinpään käteensä ja vooli eli ponttoon esimies sai huutaa häntämiehelle; Irrotetaan." Näin kertoili uittotaituri Heikki Westerlund.[26]

---

[26] Kiuru, Uljas. Lammilaisia tukinuittotarinoita. 2002. s.49.

Kuva 31.Keväällä ponttoolle viety hevonen vorokkia pyörittämässä. Vorokki keskellä ja sille kiertyvä varppi edessä hyvässä järjestyksessä. Kuva kirjasta Kiuru.2002.s.93.

Keväinen uittotapahtuma sai aikaan muutaman vilkkaan viikon Isokulmalla Kuohijärven rannoilla. Osittain se heijastui Nerosjärvelle ja tietysti Porraskoskellekin puhumattakaan Evon vaikutuksista uittotapahtumaan. Kuuluisuuksiakin oli mukana uittotehtävissä. Uittotoiminta alkoi Evolla jo 1870-luvulla arkkitehti Alvar Aallon isoisän Hugo Hackstedtin tullessa Evon kruununpuistojen metsänhoitajaksi.

Merkittävimmät puumäärät Kuohijärven kuljetukseen tulivat Evon laajalta metsänhoitoalueelta lähinnä Ekojärven kautta. Nerosjärveltä Porraskosken kautta oli toinen merkittävä uittokuljetusväylä Kuohijärveen. Isokulman alueella puu kulkeutui Nerosjärven länsipuoliselta alueelta hevosvoimin ja miesvoimin Kuohijärven rannalla talven aikaan. Uitto alkoi keväällä. Ekojärven osalta kotiseutuneuvos Uljas kertoo viimeisestä tapahtumasta seuraavasti:

"helatorstaina 11.5.1961 metsäkoulun pojat toivat pyrään Kuohijärveen johtavan kanavan yläsuulle. Se laskettiin Harjulan kanavasta alas 13.5.1961. Tämän vuosisadan vihon viimeiset puut uitettiin Kuohijärveen 18.5.1962. Tuon historiallisen uiton suoritti Ahti Lindholm Vähä-Evolta. Häntä avustivat Terttu-Kaarina ja Heikki Westerlund kanavan laidalta. Uitto kesti myöhään iltaan."

Kuva 32. Runsas puoli vuosisataa sitten Kuohijärveen tuli kuljetettavaa laajoilta alueilta niin pohjoisosaan Nerosjärven alueelta suoraan tai Porraskosken kautta kuin myös Evolta kanavan kautta. Määrät ovat nykyajasta katsoen uskomattoman mittavia. Kuva: Kiuru. Tukinuittotarinoita 2002. s.40.

Kuva 33.Hevoskiertoa käytettiin lauttakuljetuksissa, puinnissa ja tiilenteossakin. Hevonen kiersi etuosasta ylhäältä vinosta takaosaan alhaalle olevaa paksua hirttä ja pyöritti samalla isoa ratasta, josta voima välittyy pyörivän ylhäällä olevan akselihirren avulla tarpeellisiin tehtäviin. Kuva: H.K.Lähde.

Suuret sukupolvet 1945-1950 kansamme osana

Väestön voimakas kasvu alkoi vuoden 1945 lopulla. Perjantaina 24. elokuuta vuonna 1945 syntyi wikipedian mukaan 495 lasta. Päivä pysynee pitkään maamme historiallisesti suurimpana väestön kasvun päivänä.[27] Suuri syntyvyys jatkui vuosikymmenen loppuun. Vuosi 1945 oli jo lähellä sitä.[28] Tuona vuoden 1945 elokuun ja 1950 vuoden elokuun aikana syntyi tilastojen mukaan yli 600 000 lasta. Syntyneitä oli yli 100 000/vuosi. Vuodet 1945 ja 1950 olivat myös lähellä sitä. Osa heistä menehtyi jo lapsuutensa alkuvuosina. Niinä vuosina syntyneitä kutsutaan suuriksi ikäluokiksi. Se oli noin 7-8-osa kansastamme. Tuo määrä on vaikuttanut ja vaikuttaa yhteiskuntaan monin tavoin lähes vuosisadan ajan elinodotteen pidentyessä samana aikana muutamalla vuosikymmenellä. Vuonna 1947 maaliskuussa syntyi yli 10 000 vauvaa. Tänä vuonna maaliskuussa vietettiin ehkä vuoden useimmat 70-vuotisjuhlat saman kuukauden aikana. On ymmärrettävää, että tuollainen väestömäärä vaikutti omalla osuudellaan moniin ihmisen ikään liittyviin tapahtumiin noin viiden vuoden ajanjaksolla.

Syntymän jälkeen alkoi lasten varttuminen lapsuuden arkielämässä mukana tapahtuvaan taapertamiseen elontiellä. Kansakoulun käynti tapahtui 1950-luvun puolivälissä. Rippikoulujen aika oli 1960-luvun alkuvuosina ja työikäisyyden saavuttaminen tuli vastaan vuosikymmenen loppuvuoliskolla. Avioitumisikä sijoittui 1970-luvulle. 50-vuotisjuhlia he pitivät 1990-luvun lopulla. Uuden vuosituhannen ensimmäisen vuosikymmenen loppupuolella alkoivat lähestyä virallisen eläkkeelle siirtymisen ajat. Tilastokeskuksen mukaan suurten ikäluokkien edustajia oli 31.12. 2010 joukossamme vielä elossa 471 861 henkeä. Heistä noin puolet oli eläkeläisiä. Tänä vuonna he elävät 70-vuotispäivien keskijaksoa.

Suurten ikäluokkien vuosina syntyi yli 100 000 lasta vuotta kohti. Vertailun vuoksi mainittakoon, että viime vuonna 2016 syntyi 52645 lasta. Saman vuoden aikana nukkui ikiunen 53629 ihmistä. Syntyvien määrä on laskenut jo muutaman vuoden ajan.

---

[27] https://fi.wikipedia.org/wiki/Suuret_ik%C3%A4luokat.

[28] StatFin http://pxweb2.stat.fi/database_fi.asp).

Muutoksen vauhti kiihtyy kanssamme

Muutoksen maailma on kulkenut kautta aikojen ihmiskunnan kanssa. Verkkaista elomuotoa kesti muutama vuosituhat. Viime sotien jälkeen muutosohjaaja oli kai varttunut jo terhakkaaksi nuorukaiseksi. Menomuodon vauhti ei tyydyttänyt. Maailmalla orasti lennokkaampi etenemismuoto. Siipien kantaessa uutuuksien nälkä kasvoi. Langaton avaruuskin tuli käyttöön. Bittimaailma alkoi ohjata arkisiakin asioita. Ennenvanhan ajan postin kuljettama kirjeenvaihto muuntui langattomien viestien naputtamiseksi. Paketitkin alkoivat kulkea robotoidusti ilmateitse.

Nyt tuo muutos on kietonut toimintamme näkymättömin sitein unelmiemme ulkopuolisiin pilvipalveluihin. Kuljimme sotien uuvuttamina pikaratkaisuihin ja otimme käyttöömme tarjolla olevat apuvälineet. Jouduimme lähes täydellisesti muutosherran yhä kiihtyvän toiminnan talutusnuorassa kulkemaan yhä enemmän omien ohjaustoimintojemme ulkopuolella. Se on kai uudenlaista yhteistoimintaa muutosherran paimentamassa ihmislaumassa. Virtuaalinen isoveli toimii teknisenä paimenpoikana. Se tallentaa tiedon aina kun älylaitetta kosketamme ja sen kanssa liikumme.

Uuninlämmityksen ja lihasvoiman aikainen elämä on arkistoitumassa monien ammattien ja käsityötaidon mukana. Kaivelin itsekin esiin kaihojen kammarista vuonna 1988 kirjoittamani runokyhäelmä:

Miettien muistoja nuoren ja lapsen
viettelen aikaa harmaan hapsen.
Oli elämä verkkaista aikaa ennen.
Nyt on kiirusta tullen mennen.

Vaan eipähän eläkkeen riippukeinu
kiiruun tahdissa aina heilu.
Kuin vienossa tuulessa verkkaisesti
se etsii muistoja rauhallisesti.

Kotitalon nurkalla narut ne kitisi
vällyjen kätköissä, pääskynen liversi,
äiti kun keinutti lapsosen uneen.
Sen koen kuin hiljan tapahtuneen.

Siirryin takaisin suviseen aikaan.
Minkä lämmön se aikaan saikaan.
Hepo varjossa vaisusti hirnahtaa.
Paarmako? Ei, isä suitsia kurottaa.

Siesta on ohi ja heinät kuivaa.
Ehdinpä sentään pyöräillä uimaan.
Pellolle rientää jo talkooväki.
Jossain kaukana kukkuu heinäkäki.

Pellolla jatkuu töiden tahti.
Ojassa muhii viileä talkoosahti,
kunnes koossa on kykkärivi,
ja talteen joutaa liippakivi.

Niin taatto uurasti kuntoon karjan.
Rakensi, muokkasi, poimi marjan.
Nykyaika tahdin toi toisenlaisen.
Tuhosi toiminnan talkoomaisen.

Viestintä tupatiloista näkymättömään älypilveen

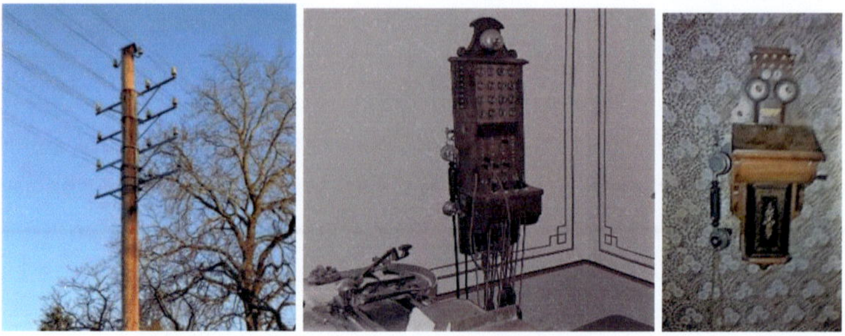

Kuva 34. Äänen siirto puhelimesta toiseen näkyi kyläteiden varsilla. Puhelinpylväitä oli noin 50 metrin välein. Lankojakin oli riittävästi. Oli joka taloon oma piuha puhelinkeskuksesta. Puhelinkeskuksessa oli kaksi reikätaulua. Kun talosta A soitettiin, niin keskus vastasi ja kuultuaan A:n haluavan puhua taloon B, keskushenkilö yhdisti johdon talon A reiästä talon B reikään ja soitti B:hen. Kun puheluun vastattiin, oli yhteys A:n ja B:n välillä valmis. Kuvat: H.K.Lähde.

Lammin puhelinosuuskunnallinen toiminta sai alkunsa vasta itsenäisyytemme aikaan. Käsivälitteinen puhelinkeskus aloitti toimintansa Kirkonkylässä vuonna 1918 sekä Liesossa 1927 ja Porraskoskella 1937.Käsivälitteisiä keskuksia oli pitäjässämme kaikkiaan 11. Porraskosken puhelinkeskus oli Porraskoskella. Puhelintolpat aloittivat esiinmarssinsa kotikylääni viime vuosisadan puolivälissä. Nykyäänhän puhelinliikennekin toimii täysin ykkösten ja nollien muodostamana näkymättömänä jonona.

Lammin kirkolle saatiin oma postikonttori 1.2.1879. Evolla sellainen oli ollut jo 1.5.1864 lähtien. Lieso sai omansa 1.4.1908 ja Porraskoski 1.2.1911. Isokulman posti tuli ja lähti korkealla mäellä olleesta Kalkon talon pirtin nukkauksessa olleesta pienpostitoimistosta. Pirtin seinän pituisella paksulla penkillä tuli monasti odoteltua pitkäänkin postin tuloa. Keli ja tapahtumat matkan varrella vaikuttivat aikatauluun.

Viestintä on hypännyt uudelle tasolle pilvipalveluiden bittimaailmaan. Ilmeisesti nykyaikainen bittiposteljooni polkee omalla selaimella.

Ylenpalttista näkymättömyyttä älyvoimaisesti

Ihmisen omien fyysisten voimien riittämättömyys on johtanut maailman sivu uusien menettelytapojen ja välineiden kehittämiseen. Veivillä ja vivuilla saatiin voimaa vähennettyä. Samalla toimintamatka lisääntyi. Luonnonvoimatkin antoivat apuansa. Tuuli, vesi ja painovoima sekä lämpö ja kylmyys käytettiin monin tavoin hyväksi. Välineitä tehtiin puusta, luusta ja kivestä ennen raudan keksimistä. Tuloksia voimme ihmetellä meilläkin monien linnojen ja kivikirkkojen äärellä. Kiinan muuri ja Egyptin pyramidit sekä Italian akveduktit eli vesijohdot olkoot esimerkkejä maailmalta. Ihminen tuntuu kautta aikojen ymmärtäneen sen positiivisen kytkennän, että Ihminen ja työkalu yhdessä on parempi vaihtoehto kuin ihminen yksin. Sen yksi ilmentymä oli myös entisajan menestysapuna toiminut talkooidea, johon liittyi samalla yhdessä tekemisen iloisuus. Tuo kytkentä kesti käsittämättömän vuosituhansien määrän viime vuosisadalle asti. Silloin työn määrän uskottiin ylittäneen resurssien olemassaolon. Tarvittiin apua. Arjen haasteissa auttamaan oli jo keksitty kivityökalut ja niiden rautaiset kehitysasteet. Ihminen oppi lisäksi kehittämään fyysistä voimaa tuottavan koneen. Teollisuusrobotteja oli toistuvia tehtäviä suorittamassa pitkillä tehtaiden liukuhihnoilla.

Höyrykone ja polttomoottori kiiruhtivat vetojuhtina avuksi. Niiden itsevaltiuden kausi kesti viime vuosisadan puolivälin paikkeille. 1950-luvulla reikäkorteilla ohjattu tietokone ennakoi muutoksen kiihtyvää tahtia. Nyt niitä täydentävät jo robotit. Niiden mukana on myös tekoäly vallannut alaa. Se on jo monialaisella kehitysalueella.

Tietokonemaailma on vallannut toimintaa nopeasti. Koneen tapaan sieluton robotti on kehittynyt harppaavin askelin. Se on jo väsymätön, tarkka toiminnassaan, omia aistejakin sillä on kuten magnetismi. Osaa kieliä. Toimii mekaanisesti ja ihmiselle sopimattomissa lämpötiloissa ja ongelmapaikoissa. Robotti on kuitenkin koneen tapaan sieluton. Se ei omaa ihmisen ymmärrystä tai tunteen tilaa, ei ihmisen läheisyyden merkitystä, ei kehon kieltä eikä kanssakäymisen taitoa. Se on yksi ohjelmattoman oppimisen alue. Se on juuri sitä, mitä ihmiskuntakin sovelsi aivan viime vuosikymmeniin asti. Me opimme pienestä taapertajasta alkaen uusia asioita mukana olemalla. Saimme vauvasta kouluikään asti kuin automaattisesti vastauksia tekemättömiimme kysymyksiin olemalla mukana arjen elämässä. Opimme uutta näkemällä. Kansakoulussa tuli oppimiselle uusi lisämuoto. Opettaja kertoi vastauksia. Mahdollistaako tekoäly lähiaikoina yksilöllisen ohjauksen. Nostaisiko se siten yhä laajenevaa ihmiskuntaa paremmin ja paremmalle tasolle.

Tekoälyn tavoitemaali oli muutama vuosikymmen sitten kaukana. Nyt se on siirtynyt teknisenä hyvää vauhtia lähemmäksi. Laskentateho on kasvanut huimasti. Ihmisen inhimillinen älytaso on tosin vielä mittaamattoman kaukana.

Tekoälyä on jo kuitenkin lähellämme. Monien mukana kulkeva älypuhelin ymmärtää puhetta. Osaa kääntää kieliä. Osaa monia muita asioita. Tietokoneelle ja älypuhelimellekin on kehitetty muistitilaa. Olemme siirtäneet runsaasti oman muistimme asioita muistisirun hoidettavaksi. Miten pärjäisimmekään, jos tuollainen muistisirun sisältävä laatta ei olisikaan mukanamme. Ainakin näyttä useilla olevan se käsissään kadulla kulkiessaan tai muualla ollessaan. Oikeastaan tuo muistin siirto alkoi jo papyruksen aikaan, jolloin ihminen alkoi kynäillä muistitietojaan ulkoisesti. Olemmeko olleet jo siitä lähtien tyhmenemisen tiellä heikentäneen mahdollisuuksiamme tulla toimeen olevissa olosuhteissa ilman apuvälineitä.

Noita apuvälineitä on monia jo myös sisällämme. On tekoniveliä ilman älykkyyttä. On myös tahdistimia ja ymmärtääkseni korvassa kuulohermoihin vaikuttavia proteesejakin. Joitakin toimintoa omaavia siruja on kätketty ihomme alle pikku toimintoja suorittamaan.

Meillä on internetin käyttö jo lähes kansalaisoikeus. Ilmaisia nettipalvelujaon saatavissa lähes kaikkialla.

Kuten edellä totesin, on muutoksen vauhti kiihtynyt sukupolveni aikana uskomattomaksi. Muutoksen jaksot ovat kutistuneet huolestuttavasti. Tuskin on odotettavissa vauhdin hidastuminen. Tätä menoa ei liene kovin kaukana aika, jolloin tekniikan kehitystäkin sisältävän muutoksen kiihtyminen ohittaa ihmisten kyvyn pysyä mukana. Milloin tilanne riistäytyy liiaksi käsistämme.

Ilmatilan käyttöä säädellään tarkoin kansainvälisin toiminnoin. Ilman sitä liikenne ei onnistuisi. Miten olisi tekoälyn suuntaaminen ja käyttö ohjailtavissa.

Lyijykynistä älyviestintään

Kirjoitusvälineiden taival on myös kokenut monenlaisia muutosvaiheita. Leikisti sanoen kynä on kuitenkin viimeisin ja edelleen toimiva keksintö, joka aivan online eli välittömästi tulostaa paperille korvien välissä syntyneen ajatuksen. Lyijykynä kuuluu ehkä tutuimpiin käsillä kirjoittamisvälineisiin. Ikää sillä on ainakin tuhatkunta vuotta. Itsenäisyytemme alussa se oli jo puupäällysteinen aikaisemman lyijyn sijasta grafiittisydämen sisältävä kynä. Nimi on jäänyt käyttöön sisuksen vaihdosta huolimatta. Kyniä on ollut erilaisia. Litteä timpurinkynä tuli tutuksi käsityötunneilla ja puutöitä tehdessä. Eri paksuisina ja eri kovuuksilla kynä jätti hiukan erilaisen jäljen puuhun tai paperiin. Jälki voitiin pyyhkiä pois pyyhekumilla. Kouluaikanani piirustuskartonkia puhdistettiin ranskanleivällä. Kynän terä kului tietysti käytettäessä. Siksi sitä oli teroitettava puukolla ja myöhemmin erilaisilla teroituskoneilla. Pienin niistä oli pikkusormen pään kokoinen.

Lyijykynän yksi tyyppi oli kosmoskynä. Sen kärkeä oli kostutettava ennen kuin se jätti jälkeä. Viime vuosisadan alussa käyttöön kehitettiin vain ohuita grafiittipötkyjä käyttäviä lyijytäytekyniä.

Toisinaan se oli todella arvokas esine. Kouluaikanani se oli yleisin kirjoitusväline. Sulkakynä on myös tuhansia vuosia ollut käytössä omavaraistaloudessa.

Lyijykynä on puinen kynä, joka valmistetaan puusta ja grafiitista, mutta aiemmin ne sisälsivät lyijyä. Lyijykynä sisältää grafiittia, jota se luovuttaa kuluttamalla piirustusalustalle. Grafiitti jättää voimakkaimmillaan hieman harmaan, kiiltävän hopeanhohtoisen pinnan.

Mustekynä tuli tutuksi kansakouluaikanani. Joskus mustepullo kaatui pöydällä. Pulpeteissa oli oma kolo mustepulloa varten. Mustekynä ja sen uudempi muoto mustetäytekynä ovat toissa vuosituhannen tuotteita. Todennäköisesti kaikille tuttu kuulakärkikynäkin sai patentin jo toissa vuosituhannen puolella. Huopakynien ja tussikynien aikakausi alkoi viime vuosisadan loppupuoliskolla. Kosmoskynä oli kostutettava ja jätti pysyvää jälkeä. Erilaisia täytekynämuotoja on tullut myös käyttöön niin eri väreillä varustettuina kuin myös lyijytäytekyninä. Nykymuoto on "sormenpääkirjoitus" bittiteitse lähetettäväksi.

Kyläkaupassa ostokset tiskillä, marketissa etsittävinä

Kyläkauppa on varsin vieras käsite nykyihmiselle. Jotkut muistavat sellaisen. Joillakin kirpoaa muistoja mieleen niiden toiminnasta. Se oli luonnollista maaseudun ennenvanhan elomuodossa. Osa niistä oli yksityisiä kauppiaita. Osa oli osuuskauppojen sivumyymälöitä. Lapsuuskodistani noin puolen peninkulman päässä oli jopa kuusi kauppaa. Tarjontaa täydensivät hevosvetoisilla välineillä sekä myös kahdella pyörällä matkaavat. Eräällä pyörät olivat rinnakkain ja matka taittui kävellen. Pula-ajan hiipuessa kaupoissa oli mittava tavaravalikoima. Itse kauppapuodissa oli tavaraa hevosenkengistä ja saapasrasvasta pieniin jauholaareihin ja jopa maidon myyntiin asti. Osa tavaroista riippui katostakin. Hyllyjen alla olevista laareista löytyi jauhoja. Pitkävartisella litranmitalla mitattiin maitoakin asiakkaan astiaan. Jos ei kaupan tiloihin mahtunut, niin pihan puolen varastossa oli yhtä ja toista. Ja kolmas vaihtoehto oli: Huomenna tulee. Poikkeuksena oli tietysti pula-aika. Silloin eiootakin oli saatavissa.

Kyläkauppiaan oma leipä oli tiukassa. Päivät muodostuivat pitkiksi. Aukioloaikoja jatkettiin takaoven kautta. Ja kaupan pitoonhan liittyi muutakin kuin myymistä. Oli hankittava myytävät tavarat. Näitä kylämarketteja oli 1980-luvulla yli 3400. Vuosituhannen vaihteessa lukumäärä oli jo hiipunut selvästi alle tuhannen. Nykyään niitä on noin 200. Porraskoskella toimi myös kahden osuustoiminnallisen liikkeen sivumyymälöitä. Lammin osuuskauppa aloitti toimintansa Lieson asumakylässä vuonna 1922 sekä Porraskoskella vuonna 1938.[29] Sydän-Hämeen osuusliikkeellä oli sivuliike Liesossa vuodesta 1936 ja Porraskoskella 1937.[30]

Kauppahevonen vaihtui myöhemmin kauppa-autoksi. Kauppaliikkeiden liikkuvaa palvelumyyntiä hoitivat viime vuosisadan puolivälissä myymäläautot. Ensimmäisen liikkuvan kaupan perusti Osuusliike Elanto Helsinkiin vuonna 1932. Määrä kasvoi pula- ja sota-aikojen vuoksi hitaasti. Toiminta elpyi 1950-luvulla. Pari vuosikymmentä myöhemmin niitä oli jo yli 1200. Määrä väheni vuosituhannen loppuun jo selvästi alle 100.

---

[29] Koskue. Lammin pitäjän historia III 2000. s.479.

[30] Koskue. Lammin pitäjän historia III 2000. s.489.

Hämeen ensimmäinen myymäläautoilija oli Urho Kaari eli Bågan Urho Lammin/Padasjoen Lieson Neroskulmalta. Hän aloitti toiminnan pienellä koppiautolla vuonna 1951. Muistan hyvin, kuinka Urhon aikataulu sovitettiin kesällä muuhun tankkaukseen sopivaksi. Hyväntuulisesti hymyilevää Urhoa odotettiin. Kauppa-autolla kiersi kylän keskeisen Kuohijärven ympäri 1960- luvulla jopa viisi eri yritystä.

Kylän kauppa ei tuolloin runsasta hyllytilaa tarvinnut. Jokapäiväistä tavaraa taloihin ei juuri ostettu. Runsaslajinen kotieläinten joukko tuotti viljan lisäksi varsin monipuolista syötävää. Lihalle, kalalle ja maitotuotteille oli omat aittansa. Perunat ja juurekset olivat maakellarissa. Siellä olivat myös syksyllä metsistä kerätyt luonnontuotteet säilöttynä. Asumakylässä toimi tietysti monia tilattomiakin tärkeissä tehtävissä. Tottakai oli kauppojen sijainti kylässä tosi tarpeellinen asia.

Kuva 35. Joidenkin kyläkauppojen edustalla komeili värikäs polttoaineasemakin. Sitähän tarvittiin venemoottoreihin ja traktoreihin ja harvoihin muihinkin moottoreihin. Kuvan polttoainepumppuasema on Tukholman Skansenilta, mutta periaate näkyy siitä. Osa pumpuista törrötti kytkettynä polttoainesäiliöön. Pumppaaminen tapahtui veiviä edestakaisin kelaten. Lasimittarista neste valui letkua myöten kanisteriin tai tankkiin. Oikealla näkymä museoituneesta aidosta kyläkaupasta Seurasaaressa. Kuva: H.K.Lähde.

Kyläkaupassa tarvittavat tavarat löytyivät pyynnön jälkeen tiskiltä. Muutoksen myötä ne katosivat etsittäviksi pitkän matkan päästä markettien sokkeloista. Isompi markettijärjestelmä alkoi tulla kilpailijaksi 1970-luvulla taajamien asukasluvun ylittäessä maaseudun asukkaiden määrän. Lähes miljoona kansalaistamme oli joutunut muuttamaan runsaan vuosikymmenen aikana koneellistumisen vuoksi maaseudulta asutuskeskuksien piiriin. Väkimäärä tarvitsi muun muassa asuntoja, teitä, kouluja, terveydenhoitoa ja kauppoja sekä kulkumahdollisuuksia.

Perustettujen markettien tavaravalikoima oli tietysti kyläkauppoja laajempi. Ne kilpailivat myös hinnoillaan. Periaatteena oli "Hoida asiaa itse hyllyköiden sokkeloista, saat halvemmalla." Tottakai näin varmaan oli, mutta siitä unohtui sen kylässä edelleen asuvan aika ja matkakulut kaukaiseen markettiin. Monella ei ole edes kulkuneuvoja tai hevosta, millä hakisi. Kyläkauppojen jälkeen ovat joskus joukkokulkioiksikin kutsumani linja-autot lopettaneet asiakaspalvelunsa.

Asiakkaansa tunteva kauppias katosi muihin tehtäviin. Katosi myös ihmisten tapaamispaikka. No, postit ja maitolavat jäivät sentään edelleen kylään ihmisten kohtaamispaikoiksi.

On se todella lukuisa tuo muutosherran aikaansaama ammattien ja taitojen lakkauttaminen tälläkin alueella.

Kyläkaupan tiskillä palveltiin asiakasta. Kaupassa toteutettiin ihmisläheisesti asiakkaan kaupassakäynnin tehtävä.

Nykyään ainakin kunto kohoaa asiakkaan etsiessä tarvitsemaansa tavaraa tuntemattomuuden sokkeloissa joskus vartijan silmän tarkassa valvonnassa.

Kuva 36. Helmitaulu toimi kyläkaupan tiskillä kätevänä laskukoneena. Sellainen oli aikanani kansakoulussakin pystyasentoisena telineessään. Kuva:H.K.Lähde.

Lakaisukoneen kuljettajaksi tietysti

Kotiseutu on nykyään selvästi toista kuin ennen. Maaseutu on kokenut merkittäviä muutoksia. Sen elomuodon pääjuuret ovat säilyneet lähes samoina siitä lähtien, kun eräihminen alkoi kehittää viljelyä. Alkoi tuottaa ja jalostaa luonnon antimista ravintoa omaksi ruuakseen toisin kuin eräkauden aikaan. Kesytti kotieläimiksi lajeja, jotka jalostivat ruohosta uskomattoman monenlaista ravintoa ruokapöytään. Joistakin eläimistä kehittyi matkantekoa avustavia ja tavarankuljettajia. Talonvahtikin oppi käyttämään hyviä aistejaan monin tavoin ihmisten avuksi. Kotieläimet muodostivat oman osansa talon suuren ruokakunnan kokonaisuuteen ystävällisinä ja ymmärtävinä mukana eläjinä. Pääpiirteissään tätä omavaraisuuden elomuotoa kesti maassamme viime sotien jälkeiseen aikaan. Sitten alkoi teknisten laitteiden nopeasti lisääntyvä hyväksikäyttö. Muistan hyvin, miten erilainen sähkötön arki oli.

Tänään on toisin. Vain maaseudun pääjuuri on pysyvää. Elämän käyttöenergian alkutuotanto tulee edelleen maaseudun mullasta. Omavaraisen maaseudun elämän puussa on pitkälle erikoistuneita haarautumia. Lähes kaiken energian jatkojalostaminen on ulkoistettu. Kotitarvemyllyjen ja separaattorien tehtäviä hoitavat uskomattoman mittavat automatisoidut ja robotoidut valuuttamittauksella tuloksellisiksi leimatut tehdaslaitokset. Ruuan matka kotipellosta kotijalostettuna pirtin pöytään yhteisesti nautittavaksi on venähtänyt jopa tuhansien kilometrien mittaiseksi. Niin on muuttunut perheen yhdessä nautittu puolenpäivän lounaskin.

Nuoruudessani yhteiseen ateriaan liittyi useimmiten myös sopiva lepohetki. Aika ajoittui Turun tuomiokirkon kahdentoista lyönteihin. Siihen liittyi myös radion jatkosarja ”Kalle Kustaa Korkin ja Pekka Lipposen seikkailut” jännitystä lisäävine ”jatkuu huomenna”-loppukommentteineen. Lepohetki pääruokailun jatkeena oli ymmärrettävä. Lihakset tarvitsivat lepoa. Vasta konevoima oli väsymätöntä.

Nykyään kotipöydän anti on muuttunut monilla taajaman hyörinässä "älylaiteohjauksessa" tapahtuvaksi kertakäyttöpakkausten sisällön hotkaisuiksi samalla bittiajan vuoropuhelua hyväksi käyttäen. Perheen arki on kokenut suuria muutoksia. Muutoksen vauhti on jopa nopeutunut. Muutos on tuonut monille ennen vanhan maaseudun tutuille toimintojen nimityksille täysin uutta sisältöä. Esimerkkeinä voisin mainita satokauden viljan käsittelyyn liittyen vaikkapa muokkaus-lannoitus-kylvö- sadonkorjuu-puinti-viljan käsittely-vilja-aitta-uutispuuro j.n.e. Metsän osalta samanlaisia muutosalueita ovat; halonhakkuu-tukin kaato-tukinajo-laanituittovaiheet j.n.e. Suuria muutoksia löytyy myös jokapäiväisestä elämästä: hakokirves-separaattori-vinttikaivo-gramofoni-kidekone-lypsypalli-kanala-sikala-lampola-heinäseiväs-olkipatja-suppu-varsiluuta-hella jne. Monet noista viime vuosisadan puolivälin maatalouteen liittyvistä välineistä ovat siirtyneet museoihin. Huomattava määrä on tallentunut talojen kotimuseoihin. Mikä on niiden seuraava sijaintipaikka maailman menossa.

Koneettoman ajan työtapojen tallentaminen on tapahtunut ennenvanhan elomuotojen harjoittajien ja osaajien nopeasti harvenevan joukon mielen muistiin. Se on henkilökohtainen muistiarkisto, joka on vaikea tallentaa mihinkään muualle. Tuo muisti on henkilökohtainen arkisto. Sen hyödyntäminen tuleville sukupolville olisi syytä tehdä ajoissa. Jonkun tulisi saada tallennettua ne johonkin muuhunkin muistiin. Lapsuusajan valokuvat ja tallennetut liikkuvat kuvatkin vanhentuvat iän myötä. Uusi polvi ei aina tunnista, mitä kuva esittää. Kuvien kohdalla tekniikkakin muodostaa omat ongelmansa muutoksien myötä.

Muistikuvat ja valokuvat ovat tärkeitä tuleville sukupolville. Digiaika vaatii arkiston muuttumista. Laitekehitys tuo omat ongelmansa. Mistä löytyy VHS-laitteita tai "korppuja." Cd:t ja dvd:kin ikääntyvät.

Missä leijaillee nykyisin nopeasti yleistyvä tallennuspilvi, josta voi ottaa kuvia ja tekstiä katseltavaksi ja muokattavaksi monilla laitteilla siellä, missä sattuu olemaan.

Traktori puksutti muutostahtia 1950-luvulla

Sodan jälkeinen vuosikymmen oli tavallaan työntäyteisesti rikkainta aikaamme. Muisteissa ovat oikeat kesät ja talvet lämpimineen ja pakkaslumineen. Luontokin tuntui puhtaammalta. Sota-ajasta oli toivuttu monin tavoin. Hyvinvointivaltion elomuoto kehittyi. Edelleen elettiin kuitenkin varsin voimakasta lihasvoiman käytön aikaa maaseudulla. Selvä enemmistö kansastamme oli vielä maaseudun omavaraistalouden aikaista väestöä. Se tuotti ruokaa lähinnä itselle ja omalle ruokakunnalleen. Ylijäämä ja osa isojen tilojen tuotteista kulkeutui jalostustapahtumien kautta koko kansan ravinnoksi.

Asutuskeskuksissakin asuvien elintarviketarpeet tyydytettiin maaseudun mullan tuottamilla sadoilla. Sota-ajan monipuoliset ahdingot olivat vielä väsyttäneinä mielessä. Kaivattiin apua työvaltaisiin tehtäviin, ja sitä saatiin vähitellen edeten monista syistä. Tuon koneellistumisen airueena tuli vähävoimainen traktori kuin varovasti rakenteita muuttamaan. Hevosvetoiset maatalouskoneet olivat suhteellisen helppoja muuttaa konevetoisesti käytettäviksi. Vähennettiin vetoaisojen määräpuoleen. Pikku-Valmet oli nopeasti valmis korvaamaan aika paljon lihastyötä.

Kirveen ja pokasahan sekä justeerin korvaaminen osana metsätalouden tuotantoa oli suuritöisempää muuntaa konetoiminnalliseksi. Sankarin kruunun patsaan muodossa Seinäjoella Törnävän puistossa saanut ja tunnustuksensa ansainnut suomenhevonen ja ihmiset saivat nauttia aidosta metsäluonnosta vähän maataloutta pitempään. Hevonen toimi edelleen tukkien ja muun puutavaran veturina niin metsissä kuin ponttoillakin. Suomenhevosten määrä oli ylimmillään vuonna 1950, jolloin niitä oli noin 408 000. Traktori ja metsäkoneet vähensivät lukumääräksi noin 14100. Suomenhevosen rotua jalostamaan perustettiin kantakirjajärjestelmä vuonna 1907, ja 2007 se nimettiin maamme viralliseksi kansallishevosroduksi.

Aikanaan metsätöidenkin koneellistaminen onnistui. Todella tehokas monitoimikone pystyy hoitamaan paljon laajemman paketin toisen koneen jatkettavaksi. Konevoima laajeni hoitamaan monitoimikoneen tuloksen tuotteet täysin erilaisen kuljetusmuodon mukaisesti. Muutos on aiheuttanut monien entisajan taitojen käytön loppumisen. Hevosen rooli on muuttunut vetojuhdasta vetonaulaksi.

Kuva 37.Ylinnä suomenhevonen entisajan metsätöissä. Kuva albumistani. Kuvaaja tuntematon. Alemmat kuvat vuonna 1987 paljastetusta suomenhevosen patsaasta Seinäjoen Törnävältä. Kuvat:H.K.Lähde.

Sähköstä mittava helpotus naisten töihin

Sähkö oli kuin kotitalouden traktori. Se sai aikaan helpottavan muutoksen seinien sisälle ihmisten ja eläinten olotiloihin. Ennen vanhaan ja vielä nuoruudessanikin oli olemassa varsin selkeästi erillisiä naisten töitä ja miesten töitä. Rajat löytyivät talouskeskuksen piiristä. Kotipiha rakennuksineen muodosti naisväen työalueen. Pihapiirin ulkopuoli kuului miesten maailmaan. Poikkeuksena oli hevosten olotila eli talli tarpeellisine valjasvarastoineen. Talviaikaan tehtävissä metsätöissä työvälineinä olleet justeeri ja pokasaha sekä kirves eivät olleet nopeasti korvattavissa tehokkailla koneilla.

Sähkö sai aikaan verrattomia muutoksia maaseudulla. Traktori korvasi tullessaan vetovoimaa. Sähkö toi toisenlaista apua. Sitä toimitettiin johtoja pitkin eri voimakkuuksilla. Kotitalous hyödynsi valovirtaa. Muissa paikoissa tarvittiin usein voimavirtaa. Lähes kaikki sähkövoiman tuoma helpotus kohdistui monenlaisiin ruokatalouden toimintoihin. Nehän tapahtuivat kyökissä ja rännissä vanhoja sanontoja käyttääkseni. Valo, vispilä ja vatkaimet sekä veden saanti ja hellan lämmitys tulivat teknisesti helpommiksi. Emännän tekemä aito kotiruoka oli kuitenkin edelleen peräisin lähiluonnon luonnollisuudessa kasvaneista aineksista. Siinä ei hiilijalanjälki ongelmana ollut. Sähkö toi helpotusta myös moniin rasituksia aiheuttaviin tehtäviin. Separaattori korvasi kirnun. Maidon muuntaminen uusiksi tuotteiksi puumäntäisellä kirnulla vaati yleensä lähes tunnin vatkaamisen. Kyllä siinä kädet väsyivät.

Pihapiirin ulkopuolelle ei sähkö juuri apua tuonut. Sähkömoottori korvasi joitakin muita voimakoneita. Oikeastaan eniten raskasta toimintaa vähensivät sähkön mahdollistamat monet muutokset. Sähkö teki mahdolliseksi vesijohtoverkoston aikaansaamisen. Vettä ei enää tarvinnut kantaa kaivosta sitä tarvitseviin paikkoihin ja käytön jälkeen ulos. Sähkö hoiti asian katkaisinta painaen putkia myöten tapahtuvaksi. Vesi voitiin lämmittää. Sitä saatiin kraanasta. Putkissa kiertäessään vesi lämmitti pattereiden avulla huoneita ja muita paikkoja sopivan tarpeellisesti. Puiden kanto ja uunien lämmittäminen vähenivät huomattavasti.

Käytetyn veden kantaminen tunkiolle päättyi. Luksukselta tuntunut sisä-wc poisti ulkohuusien käytön. Tiskaamista auttoi Maiju Gebhardin kehittämä astiain kuivauskaappi.

Järventaustan palokunnantalo

Isokulmalla oli runsaasti monenlaista talkootoimintaa ja uurastusta. Muistan hyvin, kun olin viemässä nuoremman sisaruksen kanssa kotona tehtyjä päreitä palokunnantalon pärekattotalkoisiin. Hely-niminen hevonen asteli hiljalleen. Jallin kohdalla tuli vastaan kyläläisille tuttu pari. Professori Ilmari Krohn ja kirjailija Hilja Haahtihan siinä astelivat. He pysähtyivät. Ilmari Krohn lausahti: ”Onpas siinä sinivalkoisia poikia.” Meillä oli päällä kotituotteista tehdyt vaatteet ja sinivalkoinen myssy.

Järventaustan palokunnantalo valmistui 1920-luvulla kauniin Kuohijärven rannalle. Ikäväkin muisto liittyy palokunnantaloon. Olin Kuohijärven rannalla kesällä kerran. Havaitsin nousevan savua. Lähdin selvittämään savun syntysijaa. Palokunnantalo oli ilmiliekeissä. Palokunta oli hälytetty ja kyläläisiäkin oli jo paikalla. Juuri mitään ei enää ollut tehtävissä ilman ammattipalokunnan vesiautoa. Hain äkkiä kameran ja palasin takaisin. Talkoilla tehty talo hiipui lähes hiilikasaksi. Muistot ovat jäljelle.

Ohjelmallisia iltamia oli talolla usein sotienkin jälkeen. Tuolloin oli sallittu ”tunti tanssia.” Siihen tarvittiin musiikkia. Siitä huolehti usein Järventaustan oma orkesteri ”Arjetta.” Siinä soittivat Riihilahden veljekset Yrjö ja Viljo sekä Kustaa sekä naapuristani myöhemmin Pulsaan avioitunut maanviljelijä Veikko Valkama ja myös setäni Fredrik Lähde. Matoniemen Viljokin oli osan aikaa mukana. Orkesteri aloitti korvakuulolta soitellen. Porraskosken koulun opettaja Veikko Harjula oli kiinnostunut musiikista. Hän hankki nuotteja ja opetti nuoteista soittoa orkesterilaisille. Orkesteri kävi soittamassa muuallakin. Matka taittui Reetu-setäni autolla Lammille päin tai Riihilahden moottoriveneillä Luopioisten suuntaan.

Kuva 38: Järventaustan VPK:n talo paloi kauniina heinäkuun hellepäivänä 5.7.1975 tupakoinnin seurauksena (Porraskosken Kyläkirja s.290.) Kuvat: H.K.Lähde.

Maaseudun luonnon luonnollisuus muuttui

Luonnon annit muodostivat nuoruudessani merkittävän lisän talon ruokakunnan muonittamiseen. Järvistä saatiin kalaa omatekoisilla pyydyksillä. Katiskat tehtiin ostettavasta verkosta. Kiintokatiska järvessä oli itse tehty. Siimat ja onget valmistettiin itse. Kalastettiin ja metsästettiin. Kerättiin myös uskomattomat määrät marjoja ja sieniä luonnon terveellisinä vitamiinituotteina kellareihin ja aittoihin.

Maamme luonto on kuin monimuotoinen paratiisi. Sieltä moni löytää oman vapaa-ajan nautintonsa. Luonnosta löytyy rentouttava olotila. Löytyy monenlaista mieliaskaretta ja harrastuksen mahdollisuuksia. Siellä arjen täyttämä kovalevy tyhjenee turhista tiedostoista. Maaseudun luonnossa voi kuulla hiljaisuuden. Siellä voi nähdä pimeyden. Siellä voi kuulla huuhkajan huhuilun tai käen kukunnan. Maalla on tilaa hengittää. Laineiden tahdikas liplatus ilta-auringoin kilossa tai Aleksis Kiveä lainaten ilta-auringon riutuvassa paisteessa luo onnellisen olotilan huomaamatta.

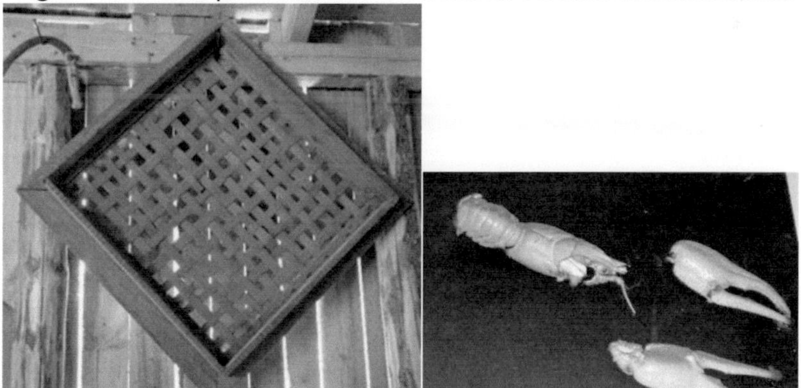

Kuva 39. Pitkäsiimat ja niiden laatikotkin valmistettiin muiden kalanpyydysten tapaan itse. Vasemmalla laatikko. Oikealla edesmenneen esikoistyttäreni kanssa yli 60 vuotta sitten kotijärvestä pyydystämämme rapu edelleen keittiön seinällä 30 cm leveälle pahville kuivattuna kiinnitettynä. Pituus oli yli 30 cm. Kuva H.K.Lähde.

Maaseudulla luonnon monimuotoisuus paljastuu meille erilaisten vuodenaikojen vaihdellessa. Talvella joskus paukahtaa pakkanen rakennusten puisissa nurkkapielissä. Kevään tulosta kertoo jäähileiden rahina, joka pian muuttuu laineiden liplatukseksi. Pajunkissojen valoisa ilme kirkastuu auringon kilossa. Koivikkoon kehittyy hiirenkorvainen olotila. Keväisen mahlan tuoksu lisääntyy ja muuttuu lehtien kehittyessä keskikesän tuoreiden vihtojen tuoksuiksi. Saunan löyly avaa niissä uuden nautittavuuden. Muurahaispesässä syntyy hyörinää. Suvi tuo lopullaan monenlaisia mitä ihanimpia luonnon kasvillisuuden satoisia tuotteita vaikkapa sienien ja monenlaisten maukkaiden marjojen muodossa. Samalla syksyn värit valtaavat asemaansa lehtivihreän siirtyessä puiden juuristoon talvehtimaan ja tuottamaan taas uutta eloa seuraavana keväänä. Välille sijoittuu talvi monine ihanuuksineen.

Kuva 40. Vesille venosen mieli. Kuva veneestäni. H.K.Lähde.

Luontoon liittyy mahdollisuus aitoon rentouttavaan ja jopa retriittityyppiseen hiljentymisen olotilaan. Siellä voi kokea ihania hetkiä. Voi toteuttaa mieluisia haaveiden retkiä. Joku voi toteuttaa unelmiansa pukemalla niiden ylle työhaalarit. Oman idean oivaltaminen ja sen toteuttaminen on hyvän olon ja hyvinvoinnin edellytys. Aito maaseudun tarjoama luonnollinen olotila on alkanut kiinnostaa nykyajan arjessa elävää tekniikan turruttavaa ihmismieltä.

Maaseudun luonnosta saattaa löytyä uusi muoto omaksi personaltraineriksi. Itse tehdyt takkapuut alusta alkaen lämmittävät mieltä monta kertaa. Sieltä löytyy myös luonnollinen psykoterapeutti. Sieltä löytyy kuulluksi tulemista tarjoava myötäeläjä.

Vuodenajat antoisa jokamiehenoikeus

Maamme sijainti pallonpuoliskollamme on suonut meille erinomaisen jokamiehenoikeuden lahjan. Kevät, kesä, syksy ja talvi muodostavat kukin omalla tavallaan erilaisen elomuodon elämäämme. Kaikki tuovat erilaisia luonnollisia luonnon suomia mahdollisuuksia. Vuodenajat luovat kukin oman mielentilansa ihmisten nautittavaksi. Niistä riimittelin:

Luonnonhelman värikkyyttä
vuodenajat videoi.
Näkymien kylläisyyttä
kasvun vaiheet ideoi.
Kevät peittää mustan mullan
vehreyden kasvun alle.
Kesä loihtii oljen kullan
viljatähkäin kantajalle.

Syksy siirtää vihervoimat
kevään kasvun auttajaksi.
Viimein puiden ruskaloiste
maata värein pensselöi,
kunnes talvi pilvein kautta
kaiken vaaleaksi puuteroi.

Kuva 41. Suomen luonnon juhlapäivänä villiinnytään kevääseen tai rakastutaan kesäyöhön ja talvella sukelletaan hankeen. Suomen luonnon juhlapäivä 26.08.2017 on maailman ensimmäinen luonnon liputuspäivä. Vuosi on talven hankien hohtoa, kesän valoisuutta syksyn värikylläisyyttä ja kevään vehreyttä. Kuvat albumeistani.

Luoja loi maaseudun ja ihminen asutuksen. Maaseutu käsitti koko maa-alueen. Taaja-asutus alkoi kasvaa nopeaa tahtia 1960-luvulla. Sen aiheutti maaseudun oloissa tapahtunut raju rakennemuutos. Vuoden 1970 alussa kaupunkiasukkaiden määrä oli maaseutua suurempi.

Päättäjät ovat aikoinaan säätäneet alueiden yleiskäytöstä jokamiehenoikeuden puitteissa. Isänmaamme sijainti maaemon alueella on antanut omat jokamiehenoikeutensa. Maaseudulla ne ovat luonnollisempia ja täydellisempiä kuin asutuskeskuksissa. Ne ovat kevät, kesä ja syksy sekä talvi satovuoden mukaan lueteltuina.

Kevät on luonnon kasvun heräämisen aikaa. Luonto pukeutuu vehreyteen ja vihreyteen. Vesien avautuminen jääpeitteestä lisää taivaan sinen rinnalle omaa sinivivahdettaan laineiden liplatuksen ja auringonsäteiden kimallusten säestämänä. Tarkkaa aikaa ei vaihtumisella ole. Muuntuminen tapahtuu hiljaa. Kevään tulosta kertovat jo talvihankien aikaan varttuvat kiiltävän kellanvaaleat pajunkissat. Mittavampi merkki kevään alkamisesta on koivun tuottama mahla. Se on terveellinen luonnon juoma.

Kesän erikoisuus on valoisuus. Pohjoisosassamme aurinko pysyy horisontin yläpuolella jopa kymmen viikon eli yli 70 vuorokautta almanakan tietojen mukaan. Kesä käsittää pääasiassa kasvullisuuden elinkaaren kylvetyn siemen itämisestä sadon korjuukypsyyteen asti. Kesällä Aleksis Kiven ilmaisua lainaten ilta-auringon riutuva paiste muuntuu ihailtavaksi iltaruskoksi, jota usein peilityyni järven pinta korostaen heijastaa.

Syksy on osittain vielä sadonkorjuun aikaa. Sen erikoisuus on ihmeellinen värikylläisyys. Kesäinen illan rusko muuttuu monien lehtipuiden ansiosta todella värikylläiseksi ruskaksi. Koivut ja pihlajat sekä vaahterat muodostavat uskomattoman värien kirjon ihailtavaksemme. Syksyllä valoisuus hiipuu. Ilmat viilenevät. Kasvillisuus varautuu tulevaan kevääseen. Luonto muuntaa lehtivihreän talven säilöön sopivaksi ja kuljettaa sen varastoonsa valmiiksi tuottamaan nopeampaa eloa kevään kasvuun.

Syksyn vaihtuminen talveksi liittyy entisajan satokauden päättymiseen. Jakoajaksi kutsuttu siirtymä sisälsi satokauden viimeistelyä ja uuden valmistelua. Simo ryhtyi siltojen tekoon, jotta Antti pääsi aisoilla ajamaan. Kesän yötöntä yötä vastaamaan luonto tarjoaa kaamoksen. Pohjoisessa aurinko saattaa viipyä almanakan mukaan horisontin alapuolella jopa yli 70 vuorokautta yhteen menoon. Kaamos eli polaariyö on sydäntalven aikaa, jolloin aurinko ei nouse horisontin takaa näkyviin ollenkaan.

Talvi oli lapsuudessani pakkasten ja lumihankien aikaa. Lunta oli paljon nykyisiä talvia enemmän. Ei tarvinnut latuja merkitä tykkilumella. Lumi säilytti lämpöä pintansa alla. Sen oivalsivat monet eläimet. Hiiret asuivat lumen ja maanpinnan välisissä onkaloissaan. Täysin turvassa ne eivät siellä olleet. Jotkut eläimet saattoivat aistia niiden olon ravintoa etsiessään.

Monet riistalinnut yöpyivät kiepeissään. Joskus ne pelästyivät hangella liikkujaa ja pelästyttivät hänet. Talvinen tykkylumi kynttiläkuusissa muotoilee mitä pulleimpia pukumuoteja.

Me olemme tottuneet alueemme elomuotoihin. Siksi emme aina huomaa näiden luonnollisten jokamiehenoikeuksien tuottamaa iloa ja terveyttävää oloa. Keskikesän valoisuus, syksyn ruska sekä talven vitivalkoinen lumi ja lopulta kevään vehreys voisivat saada meidät lähes yltäkylläisellä runsaudellaan heräämään jopa juhlamielelle. Yötön yö on onnistunut parhaiten lumoamaan meidät juhlatuulelle monin tavoin. Tämä maamme 100-vuotisjuhlavuosi on nimennyt teemapäivät eri vuodenajoille. Luonto on saanut ensimmäisenä maailmassa oman liputuspäivänsäkin. Sisäministeriö on määrännyt ajankohdaksi 26.08.2017.[31]

Vuodenaikojen maisemat muodostavat erinomaisen maisemakorttien sarjan. Luonto on luotu elollista elämää varten. Siihen ei liity vaihdantavälineitä. Siihen kuuluu oikeudenmukainen kohtelu aivan kuin toisesta ihmisestä tai luonnon eläimistä välittäminen. Kaikki nämä kuuluvat siihen inhimillisyyden kokonaiskuvaan, jota ei voi rahalla mitata. Oikeudenmukaista kohtelua voi saada aikaan vain oikeudenmukaisella kohtelulla. Välittäminen on molemminpuolista. Samalla tulee ymmärtää yhteiskunnan ja ihmisen ilmapiirit ja elomuodot. Erillisiä oloalueita ne eivät ole. On huomioitava luonnollisen antoisa kokonaisuus. Pitäkäämme luonnosta huolta, niin että jälkipolvemmekin voivat nauttia siitä. Niiden yhteen liimautumisessa auttaa niin oikeudenmukainen kohtelu kuin kanssaihmisestä välittäminenkin. Ehkä sitä tarvittaisiin jo nyt.

---

[31]SEURA 50/ 15.12.2016.

Talonpito tapoineen myllytykseen

Maatalous ja talonpito olivat vuosisatojen ajan oma elämäntapansa. Maanviljelijä oli maan viljelijä. Siinä tärkeintä oli maan kasvukunnosta huolehtiminen. Silloin kasvikuntakin voi hyvin. Tätä elomuotoa kesti viime vuosisadan puolivälin paikkeille. Koneettoman ja uunilämmitysten aika alkoi hiipua. Isot jopa rakenteita murtavat muutokset kuin odottivat pihan perällä ja ovensuussa apuansa tarjoten. Kellokin muuttui vähitellen yhä useampien kohdalla rahalla mitattavaa aikaa näyttäväksi. Elämä muuttui monin tavoin. Tekniikan tulo avuksemme lakkautti nopeasti suunnattoman määrän käsillä tekemisen taidon aikaansaamia ammatteja ja työtapoja. Omavarainen elämänmuoto muuttui. Taloudellinen kehitys solutti maaseudulle toisenlaiset elintavat. Maanviljelijä siirtyi nopeasti omavaraistalouden tuottaja-kuluttajasta taloudellistuvan yhteiskunnan alueelle osakuluttajaksi.

Viime vuosikymmenet ovat todella osoittaneet sen, että elämme muuttuvassa maailmassa. Kielemme maailma on onnistuneesti kaiken kattava. Lähiympäristöömme kuuluu maa ja ilma. No, ehkä tuo oman avaruutemme keskipiste on hyvä myös huomioida. Aurinko antaa meille turvallisesti lämpöä ja valoa vuodenaikojen ja vuorokauden sekä sijainnin mukaan vaihdellen. Maapallomme kiertää sitä. Sen vino akseli omassa kierrossaan saa aikaan vuodenajat ja vuorokauden. Lisäksi kuu kiertää pallomme omana kiertolaisena radallaan maan mukana ympäri aurinkoa. Kaiken keskipisteenä emme ole, vaikka siltä tuntuu.

Nykyhetki on kaiken aikaa käytössämme. Eilen emme tee enää mitään. Emme tee huomennakaan. Teemme tänään ja nyt. Pian tämäkin päivä on uusi eilinen. Omaksi oloajaksemme saamme tänään eilisen huomisen. Tämän päivän toiminnalla voimme vaikuttaa ja varautua elämämme huomiseen. Voimme edesauttaa tulevaisuuden oloamme tietämällä tänään tulevaisuuden päivä päivältä toteuttamallamme toiminnalla tarkentuvan tavoitteen. Tänä päivänä voimme vaikuttaa huomiseemme mukautumalla siihen kaikkeuteen, mitä emme voi muuttaa. On parempi olla muutoksen veturi kuin kivireki.

Maaseudun siemeniä huomiseen

Maaseutumme ja kansakuntamme ajautui vuosia kestäneiden sotiemme aikana ehkä hiukan hallitsemattomaan ahdinkoon. Jälleenrakentaminen ja yli puolen miljoonan ihmisen asuttaminen pienentyneelle alueellemme uusiin tiloihin sekä sotakorvausten suorittaminen muodostuivat suuriksi haasteiksi. Suomi tahtoi selvitä niistä, ja väsymys lisääntyi. Apuun tullut konevoima aiheutti odottamattomia ongelmia avun odottamattomien lieveilmiöiden hallitsemisessa. Nopeasti muuttuvat huomisen haasteet pitivät jatkuvaa yliotetta. Kysymys toiminnasta koneellistuvassa ja edelleen automatisoituvassa yhteiskunnassa ei pilvipalveluiden valtauksen lisääntyessä selkiytynyt riittävästi. Maaseudun tuotantokulttuuri ei konkretisoitunut ajoissa. Ehkä vähän yksipuolista liikatuotantoa jatkui hallitsemattomana liian pitkään. Se haittasi ehkä keskuuteemme tunkeutuvan uuden moniulotteisemman ja kansainvälistyvän kulutuskysynnän elomuodossa tarpeellista muutosmaailman hallintaa.

Maatalouden antia ennenvanhaan hyödynnettiin lähes yksinomaan arkielämän omavaraistaloden antina. Maaseudulla on kuitenkin ainutlaatuisen moniulotteinen, sanoisinko maavara hyödynnettävissä yhä laajenevalle kansanosallemme ja näköalojen mukaan nopeasi laajenevalle kansainväliselle turismille. Säilyttäkäämme se terveellisenä ja puhtaana luomuluontona. Se on ainakin toistaiseksi edelleen kaiken ihmiskunnan ja muun eläinmaailman tarvitseman energian alkulähde. Kaikenlainen maaseutu tuntuu tietysti luonnolliselta luonnolta kuin asutettu alue. Tosin maaseutuakin on muokattu ja rakennettu. Se on kuitenkin edelleen tulvillaan luonnollista luonnollisuutta. Siinä on paljon herkkyydellä hoidettavaa kuin perhosen siipinukka. Maaseudun luonnollisuutta olisi meidän monien syytä pysähtyä hetkeksi katsomaan ja ehkä tallentamaan. oman muistinsa lokeroihin.

Nykyään yhä useammin laajenevissa asutuskeskuksissa kuulee kysyttävän: ”Mistä minä olenkaan kotoisin?” tai ”Millaista siellä maaseudulla on olla?” Vastauksia on yllin kyllin. Nähtävyyksiä löytyy rajattomasti kaikille ikäluokille. Elämyksiä on mahdollista tuottaa mitä erilaisimmin keinoin. Tarjolla on kiireettömyyttä tai kuntosalien luonnollisia vaihtoehtoja. Vain mielikuvitus on rajoina. Lapin ruskan roihussa on olo kuin utua.

Maaseudun rauhallinen hiljaisuus antaa aistiemme havaittavaksi hiljaisuuden ja aidon pimeyden. Maalla voi nauttia hengityksen helppoudesta vienossa tuulen henkäyksessä tai sen puhkuvassa puhurissa. Voi kuulla huuhkajan huhuilun tai käen kukunnan sekä sirkan soittelun. Silmätkin saattavat levätä tai taltioida ihania näkymiä ilta-auringon riutuvassa katoamisessa taivaanrannan taakse suomalaisen suven suloisessa illassa laineiden liplatellessa. On yltäkylläistä nautintoa kaikille aisteillemme rantasaunan löylyjä unohtamatta. Kaikkea sellaista ja paljon muutakin voi löytyä luonnon elävästä elomuodosta.

Maaseudun alue voi antaa mahdollisuuden luonnonmukaiselle tuotannolle. Se voi tarjota hyvin hoidetun luomutilan tuottamana terveellistä ja puhdasta ravintoa todella tuoreena lähiruokana tuottajan pellosta kuluttajan pöytään. Tapa on lisääntynyt puolella tällä vuosituhannella.

Näköaloissa olisi paikoitellen lievää toivomisen tarvetta. Käytöstä poistuneita kuihtuneen kurkihirren taittumisen myötä mataloituneita entisajan rakennuksia voisi kerätä hyötykäyttöön. Konekorjuun jälkeensä jättämää hakkuuaukeaa voisi myös jouduttaa maatumaan uutta energiaa nopeammin tuottavaksi. Vesien rehevöityminen onkin hyvässä hallinnassa.

Ihanaa on todeta, että yhä useammat nuoremme ovat rakentamassa tulevaisuuttaan uusin tuotantokeinoin ja ulottuvuuksin maaseudunkin vaurastuttamiseksi. Maaseudun uusiksi vetonauloiksi ovat voimistuneet luonto ja perintö. Osoituksena siitä on myös erilaisten kesän oleskelupaikkojen määrän muutos. Monissa kunnissa on jo vapaa-ajan nautintoja muodostavia kesäasumuksia enemmän kuin vakituisia tiloja ja taloja. Maassamme on tällaisia kuntia jo kaikkiaan 58. (ESS.13.7.2015.) Selkein tilanne on Paraisilla ja Mäntyharjulla. Kymmenikköön kuuluvat Pälkäne ja Asikkala. Kesämökkien lukumäärissä kärkipaikkaa pitää Mikkelin kunta 10374 kappaleella. Toisena on Kuopio, missä vapaa-ajan asuntoja on tilaston mukaan 9602. Edellä mainittu Parainen on kolmantena 8570 huvilalla. Kuudes on Hämeenlinna 7861 mökillään. Maamme kesäasuntojen kokonaismäärä oli vuoden 2014 lopussa 500 400 kappaletta. Lammilla oli vuonna 2007 tilastokeskuksen mukaan 1676 kesämökkiä. Lammilla on 133 kappaletta pinta-alaltaan yli kymmenen hehtaarin suuruista järveä. Nerosjärvellä on 280 laituria paikallisen asukkaan mukaan.

Menneisyyden merkit historiassa vahvistavat meille uuden aikakauden tunkeutuneen toimintaamme. Monenlaista tekniikkaa on ollut jo käytössä. Tehtaiden liukuhihnatoimintakin on merkkinä siitä. Siinä on ollut koneellista ohjausta. Automaatio on vallannut alaa. Reikäkortit ovat ohjanneet jo kauan laskentatoimintaa. Transistorit ja mikrosirut ovat mullistaneet monia toimintoja. Nykyinen digimaailma langattomine pilvipalveluineen on tuonut entistä suuremman muutoksen ulottuvuuden.

Kehittyneen tekniikan rooli kasvaa. Arkielämässä on paljon sille sopivaa helppoa askartelua. On myös paljon sille mahdotonta toimintaa. Ihmisen korvaaminen on edelleen utopiaa. Robotin läheisyys ei ole samaa kuin ihmisen läheisyys. Hätäinen visiointi ei varmaan muutenkaan tunnu olevan hyväksi. Kauko-ohjaus ja toimintojen ajastaminen eivät merkitse ainakaan aina kaukokatseisuutta.

Raju muutos on museoinut mittavan osan ammateista ja taidoista tapoineen. Työn sisältö on kokenut merkittävän muutoksen. Se kaipaa uudenlaista asennetta ja taitoa. Niihin tarvitaan riittävää loikkaa eteen tulleen uuden virran ylittämiseksi. Kahdella hyppäyksellä se ei onnistu. Vain yksi vie yli uuteen elomuotoon. Yhden aisan poistaminen hevosvetoisista laitteista muutti ne traktoriin sopiviksi. Nyt idea ei enää onnistu. Muutosten murrosvaiheet ovat aina ongelmallisia. Ihmiselle on jo olevien mahdollisuuksien katoaminen kohtalokasta.

Ratkaisuja asioihin kuitenkin löytyy. Eiväthän riistakauden esivanhempamme jääneet riistan loppuessa odottamaan sen palaamista alueelle uudelleen. He vaihtoivat uudelle riista-alueelle. Olisiko sama idea joskus sopiva nykyaikanakin. Tuskinpa on edullista jäädä takarivin sivustaseuraajiksi. Ongelmista huolimatta oikealla tolalla on mahdollisuuksia jopa eturintamaan. Siihen auttaa myös positiivinen kateus. Kyllä minäkin, kun kerran joku muukin. Säilyttäkäämme hyvinvointivaltio.

Monessa tilanteessa on hyvä oivaltaa, ettei polkupyörää tarvitse keksiä uudelleen. Taitojen imitointi itselle ja muilta oppiminen on monesti hyvä vaihtoehto. Viime ajat ovat osoittaneet, että nykyajan käyttökelpoisten tavaroiden roskiksia tulee katsoa avoimin mielin ja idea-ajatusten silmin. Aikojen saatossa on kekseliäisyyskin kehittynyt. Kierrätys on muotoutunut mahdollisuuksia hyödyntäväksi. Se viestii osaltaan parempaa huomista.

Perinteiden ketjua menneisyyden helmistä

Perinteet ovat liittyneet merkittävästi maaseudunkin asukkaisiin tai heidän antamaansa perintöön. Ne ovat kuin liimaa ajan virtausten toisiinsa liittämisessä. Ne saattavat yhdistää ihmisiä monin tavoin niin alueellisesti kuin toiminnallisesti tai sukututtavuuksien kautta. Kotiseutuni asumakylään liittyy monenlaisia perinteitä. Maaseudun vuosituhantinen maatalous sisältää niitä eniten. Monilajiseen viljelemiseen on liittynyt lukemattomia erikoistoimintoja. Omavaraistalous on tarvinnut monia apuammatteja karvareista seppiin tai muihin erikoisalojen taitajiin. On ollut riihenlämmittäjiä ja kyläpaimenia. Osa erikoisammateista on jatkanut eloaan vielä itsenäisyytemme alkupuoliskolle asti.

Kyläläisten toiminta ja harrastukset ovat vaikuttaneet monien epävirallisten pitkäaikaisten talkoomuotoisten yhteistoimintojen syntymiseen. On syntynyt muutamia kymmeniä yhdistyksiä tai niihin verrattavia yhteenliittymiä. Niistä on tallennettua tietoa asumakylän kyläseuran perinnetoimikunnan aikaansaamassa antoisassa teoksessa ”Porraskoski-Järventausta menneisyyttä sanoin ja kuvin”.

Perinnetoimikunta on osa Porraskosken - Järventaustan kyläseuraa, joka on perustettu vuonna 2001 ja rekisteröity seuraavana vuonna. Seura on saanut aikaan useita jo vuosittain perinteisiksi muodostuneita tapahtumia. Ehkä suurin niistä on heinäkuinen ”Porraskosken pärskeet” teemoineen ja tutustumisineen kylän entisen kansakoulun piha-alueella.

Kuva 42. Väkipaljoutta Porraskosken pärskeissä kesällä 2016. Kuva: H.K.Lähde.

Lapsuuden sielunmaisemasta elon kotikonnuille

Eivät ole asiat niin kuin ennen. Maailman meno on muuttunut. Tekniikka on tullut avuksemme. Sen kiihtyvä vauhti on yllättänyt elomuotomme. Meitä ympäröinyt vakauden kehä on saanut säröjä. Pitäjät ovat poistuneet ja kunnat kadonneet. Kaupunki on tullut alueemme nimen liitteeksi. Mistä olen tullut ja missä olen. Kylä oli ennen vanhaan varsin itsenäinen alue ja yhteisö. Isojaossa Lieson vanha asumakylä sai alueelleen uusia asumakyliä.

Viime vuosisadan puolivälissä puhuttiin rautatiestä ja kauppalasta ja valtakunnan pääväylistä. Nelostiekin kulki pitäjän halki.

Suurten muutosten "keskiaika" sijoittuu 1960-luvulle. Koneellistuminen ja muutamat muut suuntaukset saivat aikaan monien toimintojen etääntymistä sekä ammattien ja lihastyön taitojen merkittävää katoamista. Itsenäisyytemme alkuaikojen sukupolvet ovat saaneet kokea ennakolta uskomattomia muutospyörteitä. Esivanhempien tapahtumat kertovat paljon myös maamme historiasta. Siksi tarkastelen maaseudun elomuotoja viime vuosisadan puolivälin ympäristössä lähinnä isoisäni ja isäni sekä myös oman tähänastisen elinkaareni avulla.

Mitä muutoksia maaseudun elämään pääasiassa itsenäisyytemme viisi ensimmäistä vuosikymmentä ovat tuoneet? Sinä aikana on tapahtunut ehkä historiamme suurin askel uuteen elomuotoon. Se oli koneellistuminen. Se kosketti eniten maaseutua. Se oli omavaraistalouden vuosituhansien ajan päätyminen. Sen sai aikaan suhteellisen nopeasti tapahtunut koneellistuminen. Nyt vaarien kertomukset omasta ajastaan ihmetyttävät nykyperheelle tuttuja asioita enemmän. Se auttaa perinteidenkin siirtymistä.

Isäni kirjoitti 32 vuotta sitten kotipitäjäni jouluksi ilmestyneeseen julkaisuun "Lammin kotiseutulehti" kyntäjästä paljon puhuvan kirjoituksen. Hän oli itse noin neljän vuosikymmenen ajan toiminut hevosten kanssa eläinystävällisessä yhteistyössä niin työelämässä kuin hevosten kasvattajana raviurheiluunkin osallistuen. Oli kietaissut ohjat olan yli lukemattomia kertoja astellen hevosen vetämän auran juuri avaamassa vaossa.

Kirjoituksen haluan tuoda esille myös tässä yhteydessä.

" Kyntäjä ennen ja nyt."

Traktorin valtava meteli on hiljentynyt. Olen monasti ajatellut, miten suuri ero on kyntäjällä ennen ja nyt. Nykyinen kyntäjä istuu korkealla maasta ja tuntee vauhdin hurmaa ja illalla katsoo, miten suuren alan hän on saanut kynnettyä.

- Olisiko aiheellista lisätä yksi aura, että saisi pikemmin työn tehtyä, sillä pihalla odottaa auto, jolla voisi huristaa tästä ympäristöstä johonkin hakemaan jotakin, jota ei itsekään tiedä eikä ehkä löydä.

Entisajan kyntäjä astui verkalleen hevosparin ja auran jäljessä. Mitä hän silloin tunsi mielessään, sitä on vaikea sanoin kuvata. Hän pyyhki hikistä otsaansa pellavapaidan hihalla ja tunsi mustan mullan tuoksun antaessaan väsyneiden hevosten levätä ja korjatessaan ajokkiensa länkiä. Hevonen painoi väsyneen päänsä ajurin olkaa vasten ja huulet lerpattaen hyväili kyntömiehen käsiä. - Siinä oli jotain suurta sanoin kuvaamatonta yhteenkuuluvaisuutta, joka yhdisti nämä väsyneet uurastajat siihen maahan, joka tuoksui kosteana mustan mullanviillon kääntyessä.

On jotain suurta, jonka meidän polvemme vie hautaan mennessään. Emme ole pystyneet nykyaikana siirtämään pojillemme sitä, mitä meidän isämme jättivät meille. Olemmeko valmistaneet jälkeen tuleville liian huolettoman elämän. Me, jotka söimme ehkä niukankin leivän tietoisina siitä, että se oli oman peltomme antamaa kovan työn tuloksena.

Olemme kokeneet monta kovaa tilannetta. joista tahdoimme lapsemme säästää. Tahdoimme antaa heille koulutusta, jota ilman itse jäimme. Irrotimmeko heidät tästä maasta, jonka esi-isämme otsa hiessä kuokalla raivasivat. Mitä he sanoisivat, jos tulisivat katsomaan rikkaruohoisia ja metsitettyjä peltojaan. Onko vika meissä vai yhteiskunnassa. En tiedä. Sen näyttää tulevaisuus.

Kuva 43. Kuva heinänkorjuusta 1930-luvun puolivälissä. Aina auttavainen Joonas-setä kuormantekijänä. Kuva albumistani.

Maistiaisia nuoruuteni maataloudesta

Perheen esikoisen osa oli muista poikkeava. Lapsuusajan päiväunista tulee edelleen mieleen tuvan ja ulkoeteisen nurkkiin varjoisaan paikkaan kiinnitetyn riippukeinun vieno ääntely vällyjen syleilyssä hellepäivinä. Päivälepo kuului raskaaseen hellepäivän elomuotoon. Sitä tarvitsivat ihmiset ja vetojuhtina toimineet hevoset. Helteisen suven keskipäivä oli päiväruokailun aikaa. Silloin kuunneltiin kidekoneesta uutisia ja Turun tuomiokirkon kellojen 12 lyöntiä. Tuolloin suosittu ohjelmatuokio oli myös "Pekka Lipposen ja Kalle Kustaa Korkin seikkailut."

Hevosen hirnahdus herätteli usein minutkin riippumaton villavällyistä iltapäivän uurastukseen.

Lapsuus antoi elämän eväiksi iloisuutta. Riemua tulvahti onnistuessani tavaamaan tai kellon ajan tuntemaan ja vaikkapa polkupyörällä ajamaan. Tummia juoviakin muistoista löytyy. Ne korostavat elämän monivärisyyttä. Eihän se kotipurokaan solisisi, jos kivet siitä raivattaisiin.

Isän ohjeet elämässä pärjäämiseen olivat: "Tuolla liiterissä on saha ja kirves ja mettässä on puita, ja sinulla on illalla töiden jälkeen aikaa." Näin toteutui aikoinaan laatikkokameran ja pienen kiikarin saantikin.

Kuva 44. Luonnonystävänä ottamiani elämäni ensimmäisiä kuvia kotijärven rannalla jalkazoomilla varustetulla laatikkokameralla. Kuva: H.K.Lähde.

Lapsuuden ja nuoruuden vuodet ovat asuinpaikan kautta aikaansaaneet elämää ohjaavat uurteet sielun syvyyksiin. Niissä on aimo annos kotiseuturakkautta. Se ei kuitenkaan ole syrjinyt urallani muilla kotiseuduilla toimimista. Niillä on ollut oma kotiseutuelämänsä. Se on täydentänyt kotiseutukäsitteen monimuotoisuutta. Ne kaikki yhdessä muodostavat suomalaisuuden tunteiden verkon. Pitkäaikaisten perinteiden kanssa ne ovat antaneet aina hyvän lähtökohdan huomisen haasteiden suunnan määrittämiseksi.

Me olemme eläneet muuttuvassa maailmassa. Kehitystäkin sisältävän muutoksen vauhti on koventunut. Meno tuskin on laantumassa. Tätä vahvistavat digimaailman orastavat oivallukset. Suunnan tarkistaminen vaatinee jopa hiukan peruutusvaihteen käyttöä yltäkyllään ajautuneen elomuodon tarkistamiseksi. Tätä ohjausperinnettä tarvitsee myös maamme huomispäivä. Se on yhteistoiminnallisen selkeyttämisen edessä. Siihen tarvitaan meitä jokaista.

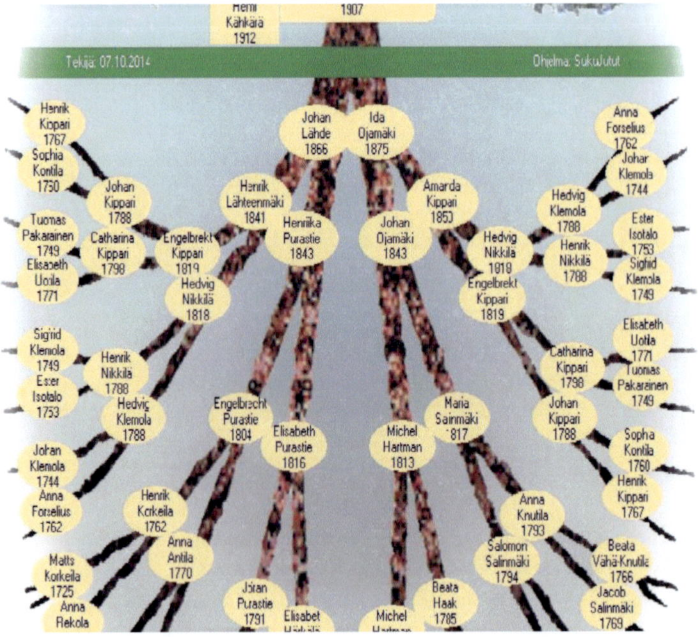

Kuva 45. Yllä 4 – 5 isovanhempani Johanin ja Idan esipolvia. Seuraavassa lyhyitä kuvauksia isoisäni Johan Henrikin asuinpaikoista Luopioisten Kuohijoelta synnynkotiini Ojamäkeen.

Kuohijoen Purastieltä Lähteenmäkeen

Isoisäni isä Henrik Johan Engelbrektinpoika oli syntyisin Kuohijoen Passilan Ali-Kipparin talosta. Hän avioitui kesällä 1865 saman kylän Purastien uudistalon tyttären Henrika Engelbrektintyttären kanssa. Runsaan vuoden kuluttua heille syntyi esikoinen, isoisäni Johan Henrik Henrikinpoika. Syksyllä vuonna 1869 pariskunta muutti torppareiksi Lammin pitäjän Lieson kylän pohjoisosassa Neroskulmalla olevaan Lähteenmäen torppaan. He ottivat ajan tavan mukaan sukunimekseen Lähteenmäki. Miehen ensimmäisessä avioliitossa Henrika Engelbrektintyttären kanssa syntyi kuusi lasta. He olivat Johan Henrik, August, Ida Eliina, Gustaf Adolf sekä kaksi Anselmia. Vaimonsa Henriika Engelbrektintyttären menehdyttyä vain 38-vuotiaana Henrik Johan avioitui uudelleen jouluna 1883 Neroskulman Turhalasta olleen metsänvahdin tyttären Ida Maria Juhontyttären kanssa. Henrik Johan kuoli Lähteenmäessä.

Henrik Johanin lapsia olivat

1.Johan Henrik ja Ida Maria asuivat Lähteenmäkeä vuoteen 1909 asti.

2. August Henrikinpoika varttui aikuiseksi Lähteenmäessä ja avioitui 1894 Kauhasalon torpparintyttären Fredrika Marian kanssa. He siirtyivät Pöystilän torpan vuokraajiksi. Torppa muodostettiin heille 1923 itsenäiseksi tilaksi. Vuonna 1936 he luovuttivat tilan Heikki Edvard ja Eino Valfrid Pöystilälle. Maatila siirtyi kokonaan Heikille Einon luovutettua osuutensa hänelle.

3. Ida Elina, joka menehtyi nuorena.

4. Gustav Henrikinpoika asui Lähteenmäessä.

5. Anselm, joka menehtyi lapsena.

6. Anselm, joka syntyi vuonna 1878 Lähteenmäessä. Hän menehtyi 19-vuotiaana veljensä luona Pöystilässä. Hänen kummejansa olivat talollinen Eri Johan Savikota, Johan Engelbrektinpoika, Eva Erikintytär ja Maria Gustava Andersintytär sekä Miina Matintytär.

Anselmin jälkeen raatari Mikko Niemisen ja Karl Kauhasalon suorittamassa perunkirjoituksessa olivat läsnä isä torppari Heikki Lähdemäki ja veljet Heikki ja Kustaa Lähdemäki sekä Aukusti Pöystilä, jonka huostassa omaisuuden ilmoitettiin olevan. Perunkirjoituksen mukaan Anselmilta jäi hopeinen taskukello sekä kahdet housut, kolme takkia, liivit, lakki, kaksi hattua, pälsit, kolme huivia, kaappi, kaksi paitaa, rahavästi, piipputuppi, teruset, saappaat, tusina nappeja, mekko, sukat, tumpit ja tallukat.

7. Valfrid Henrikinpoika, Lähteenmäen uusi omistaja vuonna 1909 Auttoisten Jallilla syntyneen puolisonsa Wilhelmina Erikintyttären kanssa.

8. Fredrik Henrikinpoika, joka muutti nuorukaisena Helsinkiin.

9. Anselm Henrikinpoika joka asui lapsena ja nuorukaisena Lähteenmäessä. Hän toimi myöhemmin metsänvartijana Peltolan Lehtimäessä.

Lähteenmäestä mylläriksi Porraskoskelle

Kuva 46. Nykyistä Porraskoskea padon alapuolelta nähtynä. Kuva:H.K.Lähde.

Isoisäni Johan Henrik Henrikinpoika asui 1890-luvulle asti Uotilan talon Lähteenmäen torpassa. Hän avioitui Ida Marian kanssa ja muutti pian pois Lähteenmäestä. Isoisäni toimi myllyn vuokraajana ja myllärinä Porraskoskella. Tuona aikana perheeseen syntyivät Porraskosken sahan saunassa Soimanpohjan tilan omistajaksi tullut Juho August ja Jahkolan kylään avioitunut Olga sekä isäni Heikki Lähde.

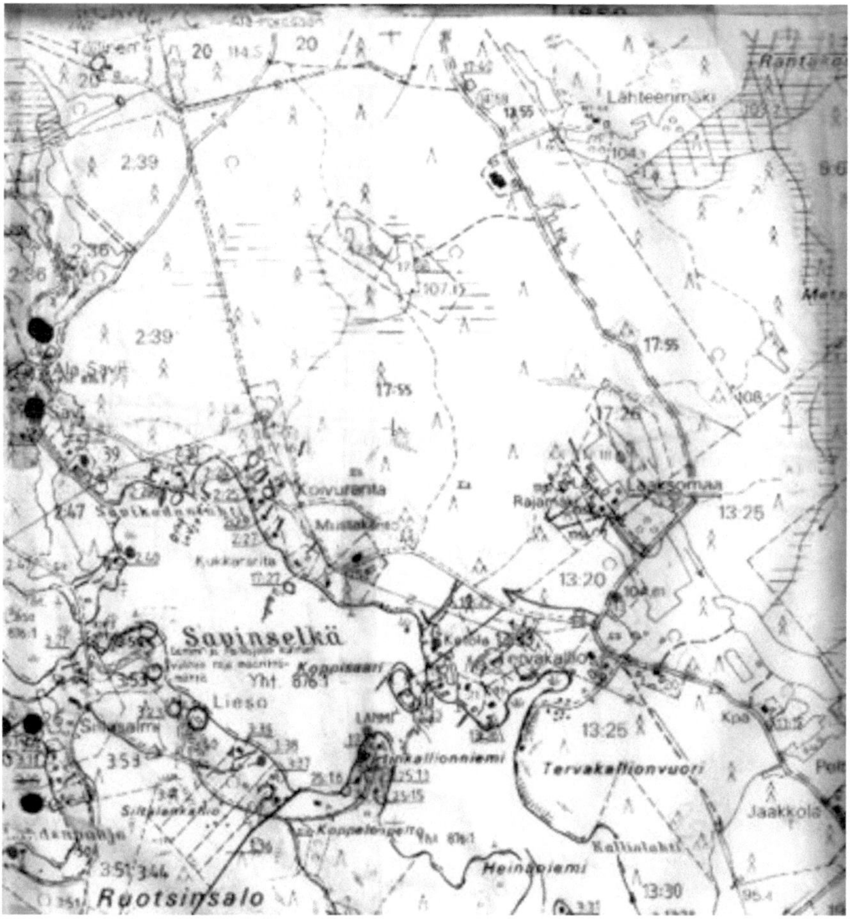

Kuva 47. Lähteenmäen tilan sijainti ilmenee vähän piirrellyn Hämeen läänin maanmittauskonttorin ajan tasalla pidetystä rekisterikartasta.

Lähteenmäestä Pietariin ja Porraskoskelle

Lähteenmäen torppa oli talollinen Markus Johaninpojan omistamaan Uotilan talonpuoliskoon kuuluva perintötorppa. Alueella oli lisäksi Kaivolan perintötorppa sekä Runsas- ja Korpela- nimiset torpat. Lähteenmäki sijaitsee Pohjois-Lammilla Nerosjärven pohjoispuolella. Vuoden 1928 alusta alkaen tila on kuulunut Padasjoen kunnan Lieson kylään. Torppa sai alkunsa Lieson isojaon yhteydessä 1700-luvun lopulla.

Vuonna 1762 syntynyt Eric Christerinpoika avioitui Tervakallion torpparintyttären Lena Markuksentyttären kanssa ja siirtyi vävyksi Tervakallioon. Sieltä perhe muutti Soimanpohjan torppaan ja edelleen Lähdemäen torppaan vuonna 1804, jota hän asui koko loppuelämänsä. Lena Markuksentytär menehtyi leskenä 20 vuotta myöhemmin 7.8.1857 Ruotsinsalossa (170be). Heille syntyi Jonas Erikinpoika 25.10.1812 Lähteenmäessä, mistä hän siirtyi vuonna 1839 torppariksi Pylkkylän Lippahaisen torppaan.

Erik Christerinpojan jälkeen torppariksi tuli hänen poikansa Erik Erikinpoika, joka avioitui 1830-luvun alussa Anna Maja Matintyttären kanssa. Vaimo menehtyi synnytykseen 1843 ja mies muutti uudessa avioliitossa Padasjoelle (rippikirja.165s84). Isoisäni vanhempien Henrik Johan Engelbrektinpojan ja Henrika Engelbrektintyttären muutettua Lähteenmäen torppaan he tekivät torpan alueesta 21.4.1869 kontrahdin, joka vahvistettiin 5.2.1870 kiinnityksellä Lieson Uotilan taloon. Kontrahti kuului seuraavasti:[32]

1.ksi Minä Markus Johanneksenpoika Uotila myyn tämän kautta poikani suostumuksella talonpojalle Heikki Engelpertinpojalle Kipparille Kuohijoen kylästä Luopioisten kappelista panttioikeudella viitenkymmenen (50) vuoten ajaksi minun omistamani Uotila nimisen perintötalon maan alaan kuuluvan Lähteenmäki nimisen torpan Lieson kylässä Lammin pitäjässä Ala-Hollolan kihlakunnassa Hämeen Linnanläänissä kaikkine tiluksineen ja etuuksensa semmoisena kuin se nykyään on kaiken mettämaan mitä siinä lohossa on nyt sovittua yksituhatta neljäsataa viiskymmentä (1450)markan suurta kauppasummaa vastaan.

---

[32] Hämeenlinnan maakunta-arkisto. (Hma. Cb3:15s1602).

2.ksi tämä kauppasumma maksetaan seuraavalla tavalla.

a). käsirahaksi olen minä Markus Uotila jo saanut neljäsataa kymmenen (410). markkaa, joka täten kuitataan.

b). jäännös yksituhatta neljäkymmentä (1040) markkaa kuuden (6) prosentin kasvun kanssa niin kauan kuin umpeen maksetaan.

3.ksi ostaja ottaa omaisuuden vastaan se 21 päivä huhtikuuta 1869 ja myyjä velvoittaa itsensä jättämään kaikki maalla olevat huoneen rakennukset.

4.ksi torppari maksaa veroa kymmenen (10) markkaa ja yhden hollin vuosittain.

5.ksi ja sitten kuin kirjoitetaan 1919 niin kuka Uotilan taloa nauttii saa lunastaa torpan pois samansuurella kauppasummalla yksituhattaneljäsataaviisikymmentä (1450) markkaa.

6.ksi myyjä velvoittaa, että ilman minun enempää tietämättä saa ostaja hankkia kihlakunnaoikeudesta laillisen kiinnikkeen. Nää välipuheet on kahteen yhtäpitävään välikappaleeseen kirjoitetut joka tämän kautta vakuutetaan.

Lammin Liesossa se 21 päivä huhtikuuta 1869.

Markus Johanneksenpoika Uotila Heikki Markuksenpoika Uotila
puum. puum.

Toisella puolella seisovaan kauppakirjaan olemme me allekirjoitetut tytyväiset ja lupaame sen vilpittömästi täyttää, joka tämän kautta vakuutetaan etellämainitussa paikassa ja päivänä.

Henrika Engelpertintytär Henrik Engelpertinpoika Kippari
puum. puum.

Todistaa:

Tobias Adaminpoika Sakeri Gustaf Joonaanpoika, trenki Liesosta
puum. puum
Johan Gustaf Hurtig

Henrik Engelbrektinpoika ehti hoitaa vaimonsa Henrika Engelbregtintyttären kanssa Lähteenmäen torppaa runsaan kymmenen vuoden ajan ennen Henrika Englebrektintyttären siirtymistä tästä ajasta syksyllä vuonna 1882. Hänen jälkeensä pidettiin perunkirjoitus ja huutokauppa 9.1.1883. Torpassa oli elukoita asiakirjan mukaan seuraavasti: ”3-vuotias ruuni tamma, ruskia ori, kaksi ruskiaa lehmää, kirjonen lehmä, pielipää lehmä, sarviton lehmä, mullikka, musta lammas, musta karitta.”

Perunkirjoituksen yhteydessä toimitettiin kaiken irtaimiston huutokauppa. Pitkästä huutokauppaluettelosta mainittakoon muutamia esimerkkejä. Suurimman osan irtaimistosta huusi itselleen leski Heikki Lähteenmäki. Elukoista olivat kiinnostuneita huutojen mukaisesti rouva Svensson (1 lehmä), Heikki Mäkelä (1 lehmä), Liisa Wickman (mullikka ja lammas). Kalle Lohiniemi osti yhden mullikan ja Enkkeli Kippari yhden karittan. Huutokaupassa näyttää olleen runsaasti ostavia huutajia aina Auttosilta asti. Leski ilmoitti antaneensa kaiken ilmi nuukasti.

Perinnönjako toimitettiin, ja leski Henrik Lähteenmäki sai kaksi kolmannesta kolmanneksen tullessa lapsille. Lasten etua valvoi talollinen Kustaa Adaminpoika Koivula.

Johan Henrik Henrikinpoika Lähteenmäki asui Lähteenmäessä sotaväkeen kutsuttaessa. Kutsunnoissa hän sai arvan n:o 3, kuten ajan kirkonkirja kertoo. Sotaväkeen arpominen oli käytössä alueellamme vuosina 1878-1901. Arvan mukaan joutui pitempiaikaiseen palvelukseen. Toiset olivat lyhyemmän palvelun jälkeen reservivalmiudessa.

Isoisäni pääsi toteuttamaan arvan suomaa tapahtumaa vuonna 1890. Pääpaikoiksi muodostuivat Hämeenlinna ja Pietarin seutu. Valmistautuminen matkaan ja alkukoulutus sotilaaksi suoritettiin Hämeenlinnassa. Jatkokoulutus tarkk'ampujaksi tapahtui Pietarin seuduilla. Sotilaita sinne kuljettava juna lähti Hämeenlinnan asemalta kohti Pietaria maanantaina 7. päivänä heinäkuuta kello 9.oo musiikin ja hurraahuutojen saattelemana. Nenäliinan heilutukset ja kyyneltippakin silmäkulmassa kuuluivat ymmärrettävästi lähdön tunnelmiin. Lähtöhartaus oli pidetty edellisenä iltana kasarmin pihalla pastori Röökin toimesta. Päällikkönä ollut kenraalimajuri Julius Constantin Sundman oli sotapoikiaan saattamassa huolimatta 1.7.1890 tapahtuneesta eläkkeelle siirtymisestään. Hän oli syntynyt vuonna 1828 Tammisaaressa ja toiminut mm. komppanianpäällikkönä Turkin sodassa sekä viimeiset 10 vuotta Hämeenlinnan tarkk'ampujapataljoonan komentajana. Sotapoikiaan hän saattoi Leppäkosken asemalle asti. Siellä hän poistui junasta eläköön-huutojen saattelemana. Juna jatkoi matkaa kohti Pietaria kello 10.30.

Päätapahtumaksi kohosivat tietysti Hänen Majesteettinsa Keisarin suorittamat katselmukset. Mittavin niistä tapahtui kuukauden kuluttua matkan alkamisesta. Keisarin katselmukset kestivät useita päiviä.

Keisari saapui leiriin perjantaina 8. päivänä elokuuta. Katselmus oli seuraavana päivänä. Komeilla hevosilla ratsastava upeapukuinen seurue oli suuri. Joukkoa johtavan kenraalin jälkeen ratsasti itse keisari. Häntä seurasivat upeiden hevosten vetämissä vaunuissa keisarinna ja perhe vaaleapukuisine kuskeineen ja edelleen arvovaltaisen seurueen saattelemana. Sotilasrivistö käsitti parisataatuhatta sotilasta. Venäjänmaan keisari, Puolanmaan tsaari ja Suomen suuriruhtinas oli tuolloin 10.3.1845 Pietarissa syntynyt Aleksanteri III. Hän menehtyi Jaltalla 1.11.1894. Aleksanterille ja puolisolleen Tanskan kuninkaan Dagmar-tyttärelle ja Suomen suuriruhtinattarelle, uudelta nimeltään Maria Fjodorovnalle syntyi kuusi lasta. Katselmuksessa mukana olleet lapset olivat tuleva keisari Nikolai II, sekä suuriruhtinaat Aleksanteri, Georgi ja Mikael Romanov ja suuriruhtinattaret Ksenia ja Olga Romanova. Lyhyt ote isoisäni päiväkirjasta kertoo ensi tapaamisesta keisarin kanssa seuraavasti:

”Lähemmäksi saavuttua jokainen sotilas ehkä ajatteli, jos hänen vain näkisin kasvoista kasvoihin ja jokainen tähysti jotenkin tarkasti, miten vain parhain sopi. Kohdalle päästyä tervehti hän poikia huutaen ”tarava finskii” (vapaasti suomennettuna: Terve suomalaiset.) johon kaikki ninkuin yhdestä suusta vastasimme raisalaivashe imperaatorska jevelitsevat. ja vielä päälle kovalla äänellä Hurraa-hurraa (eli edelleen vapaasti sanottuna Teidän tsaari korkeudellenne hurraa- hurraa), joka sama ääni kuului raikuvan yli koko avaran leirin. Jokainen oli ilomielellä siitä, että hän näki hallitsijansa ketä hän palvelee ja moni näki ensimmäisen, jos ehkä viimeisenkin kerran.”

Katselmuksen jälkeen alkoi ohimarssi. Musiikki raikui ja pölypilvi tuoksui. Parin tunnin odottelun jälkeen tuli suomalaisten pataljoonienkin vuoro. Kuului käsky ”pikom” eli marssia juosten. Ohijuoksu meni hyvin keisarin kiitoslausuntojen mukaan.

Keisarin katselmus jatkui maanantaina jääkäriäksiisillä eli suuren joukon sotaharjoituksella lähimaastossa. Keisari seurasi esitystä korkealta lavalta. Oli tykkien jyskettä ja kiväärien pauketta. Vettäkin tuli kaatamalla. Pölypilven korvasi ruudin savu ratsuväen ja jääkärien taistellessa tykistön tukemana. Päivän jälkeen sotilaat pääsivät läpimärkinä märässä maastossa kostuneisiin telttoihinsa. Keisarin katselmus oli tällä kertaa ohi.

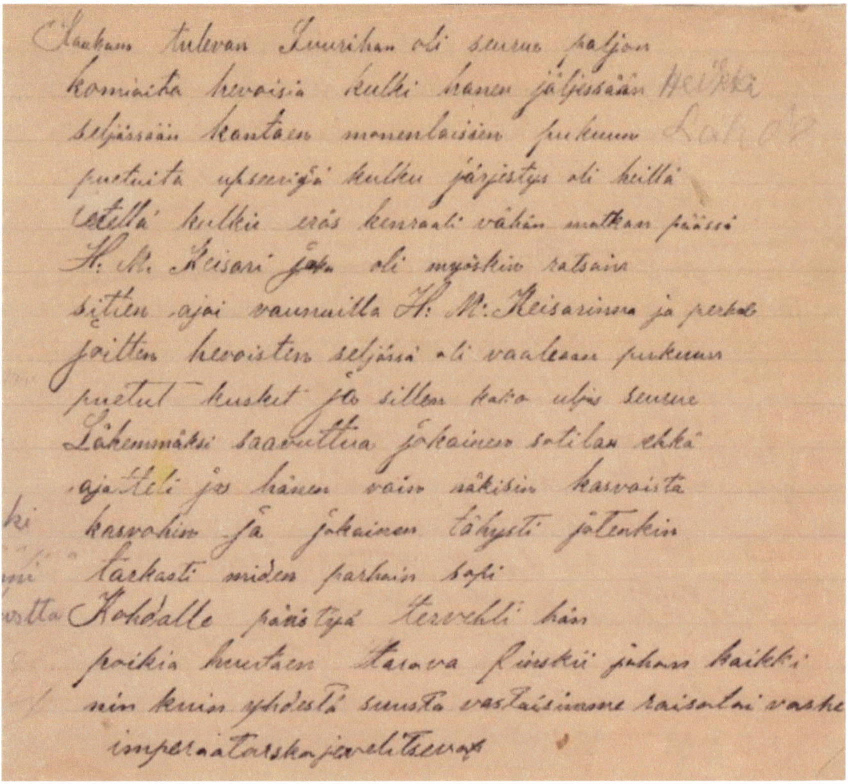

Kuva 48. Hänen Majesteettinsa Keisari suoritti palvelusaikana katselmuksen kahdesti. Ohessa ote isoisäni päiväkirjasta. Kuva: H.K.Lähde.

Näin arvan n:o 3 suoma anti tuli täytetyksi runsaan vuoden kestäneen vakinaiseen palveluun sisältyneen Pietarin alueelle suuntautuneen äksiisimatkan osalta.

Sotaväen jälkeen isoisäni asui Lammin Neroskulman Lähteenmäen torpassa. Vuonna 1895 hän avioitui Kuohijärven ja Nerosjärven välillä sijainneen Ojamäen torpan tyttären kanssa. Pariskunta muutti samalla Porraskoskelle siellä 1780-luvulla perustetun sahan yhteyteen mylläreiksi. Myllärinä isoisäni toimi 13 vuotta. Perhe lisääntyi samalla kuudella lapsella. Nuorin heistä oli tässä vaiheessa isäni Heikki.

Torppa lohkottiin vuonna 1909 Lähteenmäki-nimiseksi tilaksi 9:6. Juho Henrik Lähteenmäki ja vaimonsa Ida Maria Lähteenmäki luovuttivat torpan oikeudet pojalleen Valfrid Lähteenmäelle ja hänen vaimolleen Vilhelmiina Lähteenmäelle ja siirtyivät mylläreiksi Porraskoskelle.

Luovutuskirja kuului seuraavasti: [33]

Tämän kautta luovutamme me allekirjoittaneet pojallemme Valfrid Lähteenmäelle ja hänen vaimolleen Vilhelmiina Lähteenmäelle ja vuokraamme me allekirjoitetut meitin hallitusoikeutemme Lähteenmäki nimisestä torpasta kuuluva puoleen Uotilan perintötaloa Lammin pitäjässä Lieson kylässä, jonka poikamme on nykyään taloksi ostanut sekä sen alkuperäisen ostohinnan tuhannenneljäsataaviisikymmentä (1450,-). Suomen markkaa, jonka päätilan omistaja olisi meitille takaisinmaksava sitten kuin 50 vuotinen vuokravälikirja loppuu, lankee myös pojallemme Valfrid Lähteenmäelle tahi hänen oikeudensa omistajalle sekä kaiken irtaimen omaisuudemme olkoot ne mitä laatua tahansa seuraavilla ehdoilla.

1. Että poikamme Valfrid tulee elättää ja hoitaa meitin molemmat kuolemaamme asti ja asunnoksemme pidätämme itsellemme yhden kammarin ja eteisen sekä jos tarvitaan, osa leivintupaan, keittiöön ja saunaan, joihin kaikkiin tulee talon laittaa pieneksi hakatut kuivat polttopuut tarpeen mukaan sekä yksi lehmä ruokkia talon navetassa samanlaisella ruoalla kuin talonkin lehmät sekä suvi-käytävä yhdelle lehmälle ja vasikalle talon karjan kanssa, jos niin kävisi, että olisi sovintoa olla yhteisessä ruoassa talonväen kanssa niin maksaa poikamme Valfrid tahi hänen jälkeläisensä meitille elatukseksi joka vuosi kuolemaamme asti kolme hehtoo rukitta, neljä hehtoo perunoita ja puoli hehtoo suoloja, jotka kuitenkin toisen kuoltua vähenee puolella nimittäin rukiit, perunat ja suolat. Hevonen talosta kaksi kertaa vuodessa kirkkoon ja myllyyn sekä lehmä, jonka nyt pidätämme itsellemme, meitin kuoltua lankee myös pojallemme Valfridille tahi hänen oikeudenomistajille.

Lammilla 14.7.1910

Juho Henrik Lähteenmäki Ida Maria Lähteenmäki
puumerkki puumerkki

[33] Hma.Cbb3:6/ sk5.11.1910,§:29).

Ylläolevaan välikirjaan sekä siinä nimitettyihin eläke-ehtojen täyttämiseen olemme kaikin puolin tyytyväiset ja sitoudumme ne kaikin puolin täyttämään sekä myönnämme että Juho Henrik ja Ida Maria Lähteenmäki saavat ilman meitä sen enempää kuulematta saada kihlakunnanoikeudessa kiinnityksen meitin omistamaamme Lähteenmäki-nimiseen Uotilan perintötalon osaamme Lammin pitäjässä Lieson kylässä ylempänä mainittujen eläke-ehtojen vakuudeksi.

Paikka ja aika kuin yllä.

Valfrid Lähteenmäki *Vilhelmiina Lähteenmäki*

Todistavat: Alfred Väinölä *Hentriika Peltola*

Porraskoskelta Ojamäkeen

Juho Henrik Henrikinpoika asui vuoteen 1895 asti Uotilan Lähteenmäen torpassa. Hänet kuulutettiin avioliittoon Ojamäen torpan tyttären Ida Maria Juho-Kustaantyttären kanssa 26.1.1895. Läsnä kuulutuksessa olivat sulhanen ja morsiamen isä, jolla oli morsiamen kirjallinen suostumus mukanaan. Se oli ajan tapa. Miehet hoitivat asian.

"Koska avioliittoon mentiin ja yhteen aiottiin, niin häämme ilolla vietettiin juhannusviikolla. Torstaina käytiin oikein vihillä rovastin pappilassa ja illalla tanssattiin".

Näin isoisäni on kirjoittanut päiväkirjaansa tästä tapahtumasta. Isokulman Lahdentakana syntyneestä Ida Mariasta tuli Porraskosken myllärin vaimo. Avioiduttuaan Ida Marian kanssa isoisäni muutti pois Lähteenmäestä. (rk99s415). Hän toimi 13 vuoden ajan myllyn vuokraajana ja myllärinä Porraskoskella. Mylläriperheeseen syntyi Porraskoskella kuusi lasta. Nuorin heistä oli isäni Heikki Valfrid. Myöhemmin heistä tuli Ojamäen torpan isäntäpari. Heiltä Ojamäki siirtyi heidän poikansa Heikin ja tämän Helmi-vaimon isännyyteen.

Vuoden 1909 kesäkuussa mylläripariskunta osti Lieson Kauppilaan kuuluneen Kuohijärven rannasta alkaneen ja Nerosjärveen ulottuneen Ojamäen maapalstan Kauppilan talosta n:o 4 H.J. Peltolalta ja tämän vaimolta Alina Peltolalta. Lyhyt kauppakirja kuului näin:

" Täten myymme me allekirjoittaneet omistamastamme Kauppilan verotilasta n:o 4 lohkaistavan Ojamäen maapalstan Lammin pitäjän Lieson kylässä mylläri Heikki Lähteelle ja hänen vaimollens Ida Maria Kustaantyttärelle kahdeksantuhannenviidensadan (8500) Suomenmarkan kauppahinnasta, josta yksituhatta (1000) markkaa täten maksetuksi kuitataan. Yksituhatta (1000) markkaa maksettava ensi elokuussa sekä viisituhatta (5000) markkaa ensi marraskuussa, sekä loppu kauppasumma yksituhattaviisisataa (1500) Suomenmarkkaa ensi vuoden maaliskuussa.

Ostajat saavat tilan haltuunsa tästä päivästä, vaan ei ostajilla ole oikeutta myydä tilaa ilman myyjäin suostumusta ennen kuin kauppasumma on lopullisesti maksettu.

Ostajat vastaavat talosta menevistä ulosteoista ensi tammikuun 1.stä päivästä vaan taloon kuuluva eläke jää kantatilan maksettavaksi.

Lammilla kesäkuun 9 pnä 1909

H.J. Peltola Alina Peltola

Tähän kauppaan olemme tyytyväiset.Aika ja paikka kuin yllä

H. Lähde Ida Lähde

Todistavat: Kalle Metsälä Ida Lehtinen

Kuva 49. Isoäitini ja isoisäni istumassa tuvassaan ilmeisesti juhannuksen aikaan kukista päätellen. Taskukello on vitjoista päätellen puvun liivintaskussa. Kuva albumistani. Ottaja tuntematon.

Kaupan myötä Juho Henrik otti sukunimekseen Lähde ja siirtyi vaimonsa Idan kanssa aluksi torppariksi Ojamäkeen. Kaupan johdosta torpan alue erotettiin Kauppilan talosta ennen varsinaista vuokra-alueiden lunastamista. Alueesta muodostettiin itsenäinen tila mylläri Heikki Lähteelle ja Ida Kustaantyttärelle 21.1.1910. Näin Juho Henrik ja Ida Lähde tulivat talollisiksi Ojamäkeen. Ojamäen taloa he pitivät lähes Henrik Lähteen poismenoon asti. Isoisäni menehtyi muutama vuosi ennen syntymääni tammikuussa 1931 entisenä myllärinä myllymatkallaan. Talonpito siirtyi Heikki-isäni ja Helmi-äitini vastuulle.

Vanhaemäntä Ida Maria Lähde asui syytinkiläisenä Heikki Lähteen talon päässä kahden huoneen huoneistossa. Mammalan etuhuoneessa oli keittiö ja oleskelutilat sekä poikansa ja setäni Reetuksi kutsutun Fredrikin työnurkkaus suutarinkoneineen. Mamma siirtyi ajasta ikuisuuteen huhtikuussa vuonna 1948 ja Reetu-setäni vuotta myöhemmin.

Isäni oli syntynyt Porraskoskella saunassa myllärin poikana. Sieltä hän muutti kotitalooni. Isänpuoleiset isovanhempani ovat asuttaneet Lieson pohjoisosaa neljän polven ajan.

Kuva 50. Suutarinkone yllä ja suutarintöissä tarpeellinen lestivarasto alla. Kuvat Vantaalta syksyn sadonkorjuupäivältä vuonna 2016. Kuva:H.K.Lähde

Iida Maria Lähdettä

Omaiset

Kuva 51. Yllä kutsukirje vielä viime vuosisadan puolivälissä vallinnen tavan mukaan isoäitini viimeisen matkan muistotilaisuuteen. Alla setäni ja tätini sekä oikealla isäni kuvattuina Fredrik-setäni arkun äärellä. Kuva albumistani.

Kuva 52. Yllä Ojamäen väkeä talonsa edessä. Alla Kähkärän väkeä talonsa edessä. Kuvat albumistani.

Isoisäni oli yhdeksänlapsisen perheen esikoinen. Isänäiti syntyi kolmantena lapsena kaikkiaan 12-lapsiseen perheeseen. Nuorin lapsikatraassa oli sittemmin Taipaleen isäntänä toiminut Niilo Verneri Ojamäki. Äitini äiti näki päivänvalon kymmenlapsisen perheen neljäntenä. Äitini isä syntyi neljäntenä lapsena yhdeksänlapsiseen perheeseen. Näin neljän isovanhempani sisarusparvet käsittivät kaikkiaan 40 lasta. Tämä osoittaa perheiden suuria kokoja runsas vuosisata sitten. Asiaan liittyy valitettavana puolena myös monen lapsen elämän päättyminen jo varsin nuorena.

Minä Heikki Kalevi olen sukuni ensimmäinen itsenäisessä Suomen isänmaassa syntynyt lapsi. Olen yhdeksänlapsisen perheen esikoinen.

Myllärin lapsia Jahkolaan ja Isokulmalle

Tätini Olga Lähde avioitui ja muutti emännäksi Jahkolan kylässä olevaan Marttalan taloon. Talonpitoa ja muuta ansiotoimintaa jatkoivat tytär Onerva ja Eero Tyrkäs jälkeläisineen.

Vanhin setäni Juho August Lähde avioitui Martta Matilda Kallentytär Lahden kanssa. August piti vaimonsa Martan kanssa vähän aikaa sekatavarakauppaa, mutta he ostivat vuonna 1928 itsenäisen Soimanpohjan tilan Martta Lähteen vanhemmilta Kalle ja Matilda Lahdelta. Tildan tyttäristä Anna ja Bertta muuttivat miehelään muualle. Bertta avioitui edellä mainittuun Purastien taloon. Näin talo tuli Martalle ja Akustille.

Akusti uskoi talonpidon ja talon vanhusten hoidon vaimolleen Martalle. August itse toimi mieluummin metsätöissä. Soimanpohjaan alkoi nopeasti nousta uusi talous. Taloon tehtiin aluksi uudet rakennukset. Martta Lähde rakensi asuinrakennuksen oman kertomansa mukaan. Vävypoika hoiti siihen piirustukset. Keväällä aikaisin alettiin rakentaa. Syksyllä 1932 siellä jo asuttiin. Taloon tuli neljä kaunista huonetta. Puutavara otettiin omasta metsästä. Akusti ei ottanut osaa asuinrakennuksen tekemiseen. Hän hoiti navettarakennuksen. Se tehtiin tiilistä. Nekin tehtiin oman maan aineksista.

Martta Lähde haastattelussaan syksyllä 1987.

"Aluksi tuotiin sorakasa ruskeata soraa. Savikin saatiin ihan talon likeltä. Se tuotiin hevoskierron yhteyteen. Pantiin vähän soraa ja savea sekä vettä, ja taas alkoi hevonen kiertää. Siinä isossa tynnyrissä oli piikkejä aineen sekoittamiseksi. Se oli kuin kahveemyllyä olisi kiertänyt. Siitä tuli ruuki. Se oli sitkeätä. Ruukista lyötiin tiilet lautakehikoihin. Sitten ne vietiin laudoille kuivamaan. Ne lyötiin siihen sopivasti, ettei niistä tullut vinoja. Välillä tiiliä käännettiin. Niiden piti kuivua sopivasti. Syksyllä kaikki koottiin samaan. Niistä rakennettiin tiiliuuni. Siinä tiilet poltettiin ruskeiksi. Niin valmistui asuintalo ja navetta. Riihi tuotiin Turhalasta.

Mieheni sai vähän apua kotoaan. Minulle annettiin heti lehmä ja lehmävasikka. Alkoi saada maitoa. Hänen kotoansa annettiin toinen lehmä. Sitten oli kaks vasikkaa ja kaks lehmää. Ai kun emäntä oli retee", iloitsi Martta Lähde haastattelussaan vuonna 1987 ja lisäsi heti perään:

"Silloin alkoi meidän elämä. Soiman talosta annettiin maitoa Tilda-mammalle neljä litraa päivässä. Turhalan muorillekin vietiin joskus ympyriäisellä pienellä viinaputelilla maitoa pitkin kinttupolkuja. Joskus oli kova pakkanenkin."

Vanhaemäntä Martta Matilda Kallentytär Lähde siirtyi ajasta 95-vuotiaana helmikuussa vuonna 2000 Lammilla. Hänet saatettiin viime lepoon läheisten läsnäollessa. Hänen äitinsä Matilda Juho-Kustaantytär Lahti menehtyi joulukuun alussa 1963 asuttuaan jo useita vuosia Lammilla vanhustentalossa (156e). Haastattelussaan hän totesi pojanpojastaan:

"Toi minun poikan ol nin artikas. Tai ei se minu ollu, se tyttären poika. Se sano, että kotua ei lasketa hukkaa. Sill on nin kova aartti siin työs, että se täytyy tulla tehryks. Se mies, joka siihen tull sille tyttärellen se olis sitten riihenkin polttannu pois siit pihast. Mutta niil on vaan sil kotoväel semmoin nin nykkin rukiin ajossaan ottivat ja pistivät poikki ja veivät kuivamaan nin kun entisiän aikaan vanhaan aikaan riihis. Lämpö ol ja siin tapettiin rukiit ja nyt saivat rukiit riihikuivina kaikki. Herrajesta ei sit vanhan ajan riihihomma mikään voita. Sehän nyt onki. Aiai kun se vilja olkin sitten hyvää ja puhlast."

Setäni Fredrik Kalervo toimi suutarina, mutta keksijäksikin häntä usein on mainittu. Kodissani sotien aikaan majoittuneet juutalaiset uurastivat hänen kanssaan monia laitteita rakentaen. Fredrikin ja sisarusparvessa muutaman muunkin lapsen kummeina olivat Pöystilän talon isäntäväki August Pöystilä ja vaimonsa Maria. Fredrik-setäni menetti jo nuorena toisen jalkansa toimintakyvyn. Se ei menoa haitannut. Kainalosauvojen avulla ja kaksoishyppäyksen terveellä jalalla tehden hän eteni nopeammin kuin monet aikalaiset juosten. Hän liikkui myös omalla autollaan ja moottoripyörällään. Hän oli erittäin monipuolinen käsityöläinen. Pääasiassa hän valmisti jalkineita pula-aikana. Omanmalliset koristeelliset kipparakärkiset ja lyhytvartiset huopatossut olivat hänen erikoisalaansa. Tikkitallukoitakin syntyi tiiviiseen tahtiin. Suosittuja olivat myös Reetu-sedän tekemät kuvilla ja nimikirjaimilla koristetut nahkalompakot. Setäni soitti mm. mandoliinia paikkakunnan Arietta-nimisessä orkesterissa. Orkesteriin kuuluivat myös Viljo Matoniemi ja Veikko Harjula.

Kuva 53.Ariettassa soittivat pääasiallisesti vasemmalta lukien Kustaa Riihilahti, Fredrik-setäni, Veikko Valkama, Viljo Riihilahti ja Yrjö Riihilahti. Vieressä Fredrik-setäni ajaa moottoripyörällä mukanaan liikkumisessa tarvittavat kainalosauvat. Kuva albumistani. Kuvaajat tuntemattomia.

Heikki ja Helmi Kähkärän ja Ojamäen omistajiksi

Kolmas avioitunut maatalouden jatkaja oli Heikki-isäni, joka täyttäisi 110 vuotta isänmaamme juhlavuoden syksyllä. Äitini oli muutaman vuoden isääni nuorempi. Hän syntyi Kuohijärven toisella puolella lähellä eteläpäätä sijaitsevassa Kähkärän torpassa. Äidin isä Henrik Joonaanpoika siirtyi torppariksi 1900-luvun alussa. Talollinen Kustaa Lassila luovutti vuonna 1908 vuokraamansa torpan 1919 Heikki ja Tilda Kähkärälle kaikkine etuuksineen. Isoäitini oli syntyisin Porraskosken Lohiniemestä. Äidinisä Heikki menehtyi sydänkohtaukseen kotipihassaan sotiemme aikaan ja äidinäitini Matilda samalla tavalla 1940-luvun lopulla. Tila siirtyi isäni ja äitini hallintaan. Muistan hyvin, kun isä tuli Kalkon kohdalla kansakoulusta minua vastaan. Oli saanut tiedon, että mamma oli tuupertunut pihaan ikuiseen uneen. Viesti kulki, vaikka ei puhelimia ollut kummassakaan paikassa. Matkasimme hevosella jäätä myöten Pappalaan toteamaan Kähkärän mamman siirtyneen ikiuntaan nukkumaan. Äiti oli tuolloin käymässä Helsingissä.

Elämä maalla oli tuolloin nuoruudessani varsin arkista. Monen ihmisen taival alkoi kodin saunassa ja päättyi kodin lämmön läheisyydessä.

Isäni Heikki Valfrid Lähde syntyi myllärin perheeseen saunassa Porraskosken rannalla. Perhe muutti isäni ollessa vain muutaman vuoden ikäinen heidän ostamaansa, jo pitkään suvun hallussa olleeseen Ojamäen entiseen torppaan. Isäni ja äitini solmivat avioliiton juhannuksena vuonna 1933. Sulhanen oli torpparinpoika Isokulmalta ja morsian torpparintytär Lieson Kähkärästä. Isäni kummeja olivat vuokraaja August Pöystilä ja vaimonsa Maria Pöystilästä. Äitini kummeja olivat torppari Vihtori Mäkelä ja Ida Maria Adolfintytär sekä torpparinpoika Joonas Mustaniemi ja torpparintytär Emma Ullen Liesosta.

1940-luvulle tultaessa isäni ja äitini olivat saaneet vastuulleen kaksi entistä torppaa ja yhden puoliskon kruununuudistaloa. Ojamäki ja Kähkärä syntyivät torppina vapaaehtoisten kauppojen perusteella Kauppilan ja Lassilan maakirjataloista. Hietavalkaman talonpuoliskon vanhempani hankkivat 1940-luvun alussa.

Kuva 54.Isäni Heikki Lähde kasvatti taitavasti kotimme hevoskantaa. Pikku varsoja syntyi usein. Kantakirjakokeitakin käytiin yhdessä hoitamassa. Hän harrasti myös aikansa ravikilpailuja. Jääratаravit olivat tuolloin suosiossa. Alla nuoruuden kotini ja sen piharakennuksia. Kuva omasta albumistani itse ottamiani.

Varsinainen maatila Ojamäki ei ollut vaan paremminkin metsätila. Heikki Lähteen toiminnot suuntautuivatkin voimakkaasti metsänhoitoon. Heikohkot metsät varttuivat vähitellen varsin hyväkuntoisiksi. Viljelysmaatkin kohenivat nopeasti. Muistan, miten kaivettiin käsityönä salaojia monille pelloille. Savipelloille tehtiin sorasalaojia ja suomaille risusalaojia. Isäni aikana karjanpito muodostui varsin monimuotoiseksi. Hän kasvatti kantakirjahevosia ja juoksijoita. Lampolasta toimitettiin jalostettuja hyvärotuisia lampaita ympäri maata.

Kuva 55. Isäni kohensi karjataloutta rakennusten ohella hankkimalla muun muassa friisiläiskarjaa Ojamäkeen. Kuva: H.K.Lähde.

Hyvän lypsykarjan muodostivat tuottoisat mustavalkeat friisiläislehmät. Karjaan kuului tietysti myös runsaasti sikoja ja kanoja. Isäni rakensi tilalle päärakennuksen, navetan, aitan, riihen kuivaajan, kanalan ja monia latoja. Hän hankki hyvän karjan ja hevoset sekä koneistuksen. Metsä kasvoi ja pellot tuottivat satoa. Äitini yht´äkkisen menehtymisen aikaan maatila oli erinomaisessa kunnossa.

Isäni sai vielä uurastaa tuossa käsityön aikaisessa maailmassa. Tosin traktori hankittiin kotitilalleni jo hänen aikanaan muuttamaan hevosvetoisia maatalouskoneita aisoja vähentämällä konekäyttöisiksi. Työ väheni ja helpottui ja tulokset paranivat. Tilanne alkoi aiheuttaa suurta maaltamuuttoa. Raju rakennemuutos keskittyi 1960-luvulle. Aikaa on sanottu myös maamme hyvinvointivaltion syntyajaksi. Silloin vallitsi erilainen yhteisen aikaansaamisen tunnetila, se flow.

Tilanhoidon ohella Heikki Lähde oli mukana Lammin osuusmeijerin ja säästöpankin sekä joissakin muissa toiminnoissa. Tilan syrjäisen sijainnin vuoksi hän huolehti tarmokkaasti tieyhteyksien parantamisesta. Toimi parin tiehoitokunnan puheenjohtajana ja ansioitui Kuohijoelle johtavan tieyhteyden avaamisessa. Koulutuksestaan Heikki Lähde huolehti itseopiskelun avulla. Hän teki myös monia opintomatkoja ulkomaille. Tietojen hankinta kiinnosti häntä.

Ajat muuttuivat. Sain ikimuistoisen soiton Vaasaan. Minulle kerrottiin äitini viime hetket. Isä soitti aamulla sairaalaan, jonne äiti oli illalla viety. Olisi mennyt katsomaan, mutta kerrottiin, että äiti on juuri suihkussa ja pääsee kotiin. Pian soitettiin, että äiti on nukahtanut kenenkään huomaamatta sänkyynsä ikiuneen ja päässyt kotiin.

Lähdin pian isää katsomaan. Isä jäi yksin kotia hoitamaan. Niinpä peruutin kaikki omat työni ja jäin isän luokse häntä tukemaan. Isäni eli neljännesvuosisadan äitini jälkeen. Hänet saatettiin viimeiselle matkalleen Lammin pääkirkossa 15.01.1994 runsaan saattojoukon läsnäollessa. Muistotilaisuus pidettiin Pöystilän täysihoitolassa. Siellä puhuivat pastori ja vanhin poika Kalevi.

Kerroin isäni elämästä ja myös hänen viime käynnistään kotona Hietavalkamassa pari päivää ennen menehtymistään. Nautimme jouluillallisen viimeisen kerran Tellervon ja isäni kanssa yhdessä. Isä sai nautittua hiukan lusikalla. Hän seurasi toimintaa ympärillään, ja ilahtui selvästi myös Wilho Westerlundin käynnistä. Wilhohan oli käynyt isän luona usein. Luin isälle vanhan ajan Jouluevankeliumin. Saatoimme kuitenkin selvästi havaita, että Enkeli oli jo lähellä odottamassa isää saattaakseen hänet ajasta ikuisuuteen. Se tapahtuikin heti ensimmäisenä arkiaamuna joulun jälkeen äitini syntymäpäivän aattona.

Isäni itse kirjoittamat muistosanat:
Kirjoitettu todennäköisesti vuonna 1988.

Kukat jäivät yksin kukkimaan,
kotirannan laineet loiskimaan.

Jäivät aurinko ja aavat veet.
Jäivät suven ikisäveleet.

Turhaan oottaa polku valkamaan,
turhaan venho vettä halkomaan.

Kuva 56. Isäni oli vielä vanhuutensa aikanakin hyvin kiinnostunut maailman tapahtumista. Kuva 75-vuotispäiviltä.H.K.Lähde.

Isäni kirjoitti isänsä tavoin runoja elämästä. Seuraavassa on kaksi niistä.

Laulu Kuohijärvelle

Syntymäsaareni rantaan
jälleen kun astelen
aivan kuin lasna santaan
laivoja piirtelen.
Muistojen kirja aukee
menneet se mieleen tuo.
Laine jo rantaan raukee.
Ilta taas rauhan suo.
Kaipaus täyttää rinnan.
Menneitä muistelen.
Usva ui järven pintaa
harsollaan peitellen.
Täällä mä kerran leikin
rannoilla Kuohijärven.
Vuodet vaikk´paljon ne
veikin sai kaipaus sävelen.

Lapsuuden kaarnalaivaan
muistojen purjeet teen.
Kuvastuu pilvet taivaan
pintahan tutun veen.
Kaikki on kauneus täällä.
Rantojen kultavyöt.
Kuulaus poutasäällä.
Syksyiset myrsky-yöt.
Auringonlaskun aikaan
taas rannalle astelen.
Mistä nuo kuvat sainkaan
kirjahan muistojen
Syntymäsaaren lehtoon
laineitten laulu soi.
Tullessa eloni ehtoon
muistot ne mieleeni toi.
Ilta jo tummeneepi
ja taivaalla kulkee kuu.
Usvasta untuvapeite
järvelle laskeutuu.

Kotiseutuni viisi läheistä kirkonkylää

Kotiseutuni Lammin pohjoisosassa oli sekä keskipiste että syrjäseutu. Sieltä oli noin kolme peninkulmaa viiteen kirkonkylään. Nuo kohteet olivat Lammi, Tuulos, Hauho, Luopioinen ja Padasjoki. Minne mennä? Kohde riippui vielä nuoruudessani säistä ja vuodenajoista. Sukututkijana sain tutustua kaikkien seurakuntien arkistoihin. Lapsi voitiin kastaa muuallakin kuin omassa seurakunnassa. Moni muukin asia voitiin hoitaa eri paikoissa. Kesäisin venematka Kuohijoelle tai vaikkapa Luopioisiin asti oli sopiva. Potkukelkalla pääsi apua hakemaan parhaiten Luopioisista, kuten ystäväni Pauli on kuvaillut toisaalla omaa matkaansa isänsä kelkassa.

LÄÄKÄRIIN KELKALLA JÄÄTÄ MYÖTEN

Joskus 1940-luvun loppupäässä, ilmeisesti -46 kevättalvella olin 6 vuotias vilkas pikkupoika. Olin jotenkin kaatunut niin, että päähäni tul kunnon haava, joka vaati lääkärissäkäyntiä. Lammille ei kuitenkaan juuri niinä päivinä mennyt bussia, sodan jälkeenhän ne eivät aina päässeet kulkemaan kun renkaita ei saatu.

Lääkäriin oli kuitenkin päästävä ja isäni totesi, että jäällä ei ole yhtään lunta ja se on muutenkin hyvässä kunnossa. Otettiin paras potkukelkka, minut peiteltiin hyvin, isä laittoi oikean jalan saappaan päälle ns potkuraudan, jonka avulla saattoi potkia vauhtia niin, ettei jalka luistanut. Niin lähdettiin Kuohijärven jäätä myöten Kuohijoelle ja siitä Kukkiaa myöten Luopioisten kirkolle lääkäriin. Ainoan kerran matkalla kelkasta piti nousta Kuohijoen kohdalla, koska siinä oli sulia paikkoja.

Lähdimme aamulla ja matka eteni kirkasta jäätä myöten todella kovaa vauhtia. Lääkäri puhdisti haavan, laittoi jonkun tikin ja sitoi puoli päätä

Niin reippaasti joutui matka, että iltahämärissä olimme jo kotona.

Jälkeenpäin aikuisena ajattelin, että oli siinä yhden päivän aikana Isä-Yrjöllä vauhdin potkimista, mutta kyllä pojalle hyvä pää tuli.

1.2.2016 Pauli

Kuva 57.Tosi tapahtuma Pauli Riihilahden itsensä kertomana osoittaa järven käyttöä ja kulkuyhteyksiä. Olosuhteet ratkaisivat, minne mennä ja mitä reittiä sekä millä keinoin, kun todellinen tarve oli. Julkaistu kiitollisena Paulin luvalla.

Kyläpalvelut kaukaistuivat

Kirkkoon liittyvät tarpeelliset palvelut kirkonmenojen ohella ovat olleet jo vuosisatojen ajan noin kolmen peninkulman päässä. Tosin kirkon edustajat toivat monenlaisia palveluita myös asukkaiden luo.

Ostospaikkojakin oli noin viiden kilometrin säteellä enemmän kuin kuusi. Porraskoskella oli kolme kauppaa. Yhtä monta oli Kuohijoella. Kauppa-autojakin kulki useita viikoittain. Karjaa oli joka talossa. Kotitilalta sai maitoa, kananmunia ja lampaista sai ainekset villasukkiin.

Toisin on nyt. Saa matkata kolmen peninkulman päähän saadakseen maitoa. Pari lehmikarjaa saattaa olla matkan varrella. Mutta nehän eivät saa luovuttaa tuotteitaan asiakkaalle. Pitää noutaa kaupasta asti.

Ei ole kouluakaan, jonne ennen hiihdin puusuksilla. Asteltiin jalat lintassa. Lapsuudessani elettiin elämän arjessa mukana pienestä pitäen. Opittiin elontaitoja mukana olemalla. Se oli luovan oppimisen aikaa.

Nyt on mentävä kumipyörillä kauas. Kansakoulumme oppilaat nauttivat viimeisen koulupäivän anneista vuonna 1969.

Kuva 58. Kotini ensimmäinen traktori oli myös punainen traktori ja oli tätä mallia 1951, mutta eri merkkiä. Kuva H.K.Lähde.

Navettarakennus kotieläimille

1930-luvun lopulla rakennettiin vanhan pieneksi koetun navetan tilalle uusi tiilinen navettarakennus nautakarjaa ja hevosia sekä sikoja varten. Kanalakin sijaitsi navetan vintillä ennen uuden erillisen kanalan valmistumista. Savi saatiin parinsadan metrin päästä. Sinne pystytettiin tiilikraana ja tiilet lyötiin sekä leviteltiin kuivumista varten joksikin aikaa tasaisille alustoille. Pikkupoikana oli kiva olla mukana leipomassa savesta erilaisia pikku esineitä. Kuivumisajan jälkeen oli tiiliuunin polttoaika.

Samalle alueelle rakennettiin asiansa osaavien ihmisten ohjauksessa suuri tiiliuuni. Tiiliä kannettiin pino käsissä vatsan puolella. Selkäpuolen kantotelineillä kuljetettiin kerralla isompia tiilimääriä. Uuni muurattiin tavallaan umpeen. Kaikkien tiilien tuli lämmitä tasaisesti. Lämmön tuli kulkea tasaisesti ja sopivasti kaikkialle ja oikealla kuumuudella sitä vähitellen lisäten. Pikkupoika ihmetteli, kun uuniin työnnettiin klapien tai halkojen sijasta lähes tukkipuita. Uuni oli asuinmökkiä suurempi. Tasaisen lämmön vuoksi uunin poltto kesti muistaakseni pari viikkoa.

Tiilien valmistumista seurasi tietysti rakentaminen. Hetkessä ei sekään tapahtunut. Ammattinsa taitavia oli kuitenkin mukana. Monet rakentajat piirsivät nimensä mukanaolevaan tiiliin. Sotatoimien alkaminen aiheutti pikku ongelmia. Isänmaamme puolustaminen vaati väkeä. Sinne siirtyi myös osa navetan rakentajista. Iso navettarakennus valmistui kuitenkin aikanaan. Sen pihanpuoleisessa päässä oli karjakeittiö, jossa oli viemäriputki. Suuri muuripata oli pääasiassa veden lämmitystä varten. Tulen sytyttäminen padan alle oli aamun ensimmäisiä tehtäviä heti sen jälkeen, kun asuinhuoneiston kyökin hella oli saanut saman käsittelyn. Lämpöä ja lämmintä vettä tarvittiin moniin tarkoituksiin.

Askeleet karjakeittiössä saivat aikaan ammuvan kutsun navetan puolelta. Toisen oven takaa kuului röhkinää. Aamun apetta kaivattiin kummassakin osastossa. Eteisen yhteydessä ennen karjakeittiöön astumista oli kylmä allas jäitä ja maidon jäähdyttämistä varten. Eteisestä oli vuonna 1939 valmistuneessa tiilirakennuksessa myös käynti saunaan. Karjakeittiössä oli monia tärkeitä välineitä. Oven pielessä oli pumppu. Vähintään puoli tuntia siinä meni joka ilta, jotta saatiin vintillä oleva suuri vesisäiliö täyteen rakennuksen seuraavan päivän vedentarvetta tyydyttämään.

Tärkeitä olivat tietysti myös maidonkäsittelyä varten kuuman veden lisäksi tarpeelliset laitteet. Maito siivilöitiin heti lypsyn jälkeen. Myöhemmin tarvittiin myös separaattoria maidon jatkokäsittelyyn. Puntarikin riippui seinällä.

Rakennuksen toisessa päässä oli talli kolmen hevosen pilttuineen. Rupu oli jokaisen edessä ruokaa varten. Hevonen oli riimulla kytkettynä pilttuuseen. Navetan parvella oli heinävarasto ja aluksi talvikanalakin. Parvelle johti ulkoa loiva silta auttaen hevosta heinäkuormien vetämisessä. Navetassa oli katettava ruokapöytä lehmille. Joka lehmällä oli oma ruokakaukalo edessään. Heinät saatiin pudotettua komeron kautta vintin varastosta. AIV:n aikaan rehusäiliö avautui navettaan. Vesikaukalokin oli lehmäkohtainen. Se oli vapaasti käytettävissä. Vesi tuli parven säiliöstä lehmän painaessa turvallaan vesikaukalon säädintä. Ruokapöytä avautui vasta katettuna kaikille samanaikaisesti, kun työnnettiin häkin osia sivulle. Riihilahden kekseliäs isäntä rakensi herätyskellon automaattisen ajastuksen avulla avautuvan häkin. Koneistona toimi lankarullan avulla herätyskelloon kytketty naru. Kellon voima riitti avaamiseen hitaasti mutta varmasti. Nuorilla vasikoilla oli navetassa omat karsinansa.

Kuva 59. Tiilikraanaa pyöritti hevonen hevoskierron tyyppisellä laitteella. Ison kirnun sisällä oli poikkipuita, jotka sekoittivat savitiilen aineksia sopivasti kasteltuna. Kuva Jurvaniemen savikraanasta omassa albumissani.

Kuva 60. Kahvitauko tiiliuunin rakentamisessa Ojaniityn ladon edustalla. Mittava tiiliuuni sisälsi navettaa varten tarpeelliset savitiilet, jotka uunissa poltettiin koviksi ja punaisiksi. Kuvaaja tuntematon. Omasta albumistani.

Kuva 61. Vasemmalla lähinnä savitiilien lyömisessä käytettäviä puumuotteja Bragen museossa Vaasassa. Oikealla tiilin lyönnissä käytetty laite ja kantoteline Soinin perinnepäivillä. Kuvat: H.K.Lähde.

Nikkarointia ja puhdetöitä

Askartelupaikkoja oli lapsuusaikani kodissa useita. Niissä puuhailtiin ja työskenneltiin monenlaisten tavaroiden ja uusien esineiden parissa. Muistelen, että joulupukkiakin saatettiin avustaa. Taisi joulutonttukin joskus vierailla samalla, kun kävi tarkkailemassa lasten kiltteyttä. Oli nimittäin ilmestynyt huopatossujen jälkiä iltahämärän jälkeen joidenkin ikkunoiden alle.

Monipuolinen puuhaboksi oli tallin naapurina tiilisessä kotieläinrakennuksessa. Höyläpenkki oli ehkä tärkein laite. Mutta oli siellä monia muitakin askarteluvälineitä. Tärkeä oli suksen paininpuu. Puusukset tehtiin kotona. Kärki ja kantavuus saatiin aikaan paininpuussa. Terva ja mäystimien nahkakin saatiin omina tuotteina. Myöhemmät Voittositeet ja Rotanloukut tulivat kauppoihin aikanaan. Tuhoeläinten rotanloukut tehtiin kotona. Kirvesvarret ja pokasahan puuosat sekä kelkat ja monet muutkin tarvikkeet lypsinpalleja myöten valmistettiin tallinboksisissa. Muistaakseni tontutkin saattoivat askaroida tallinboksisissa loppusyksyn aikaan. Valjaitakin tarvitsi korjata aika usein raskaiden töiden vuoksi. Hevosten luokkien paininpuu oli yleensä hirsiaitan kulmassa.

Puhdetöiden pääpaikka oli pirtti eli tupa. Tuvan kurkihirren alla tapahtui monenlaista askartelua. Valmistettiin monia tarvikkeita ja kunnostettiin arjessa tarpeellisia välineitä. Esimerkiksi sahoja korjattiin ja viilattiin. Jakaminenkin oli tärkeää. Hevosvarusteiden kunnostaminenkin oli tarpeellista. Myöhemmin tv muutti tuvan olohuoneeksi.

Muina esimerkkeinä puhetöistä mainittakoon matonkuteiden leikkaaminen ja mattojen kutominen, villan karstaaminen hahtuviksi ja kehrääminen langoiksi, kutominen sukiksi ja tumpuiksi sekä villa-asusteiksi. Varusteiden paikkaaminen ja muu huoltaminen olivat varsin monipuolista toimintaa.

Tuvan kangaspuut olivat melkein jatkuvassa käytössä. Vanhoista vaatteista leikattiin matonkuteita. Villasta ja pellavasta kehrättiin lankaa. Sukkapuikoilla kudottiin sukkia ja tumppuja. Talvella tarvittiin villapaitojakin.

Kangaspuilla kudottiin tietysti kangasta. Niillä kudottiin myös moniraitaisia räsymattoja. Pirtin laajat puulaattiat tarvitsivat niitä.

Oma uurastus ja luonnontuotteiden osuus olivat merkittäviä.

Kuva 62. Kangaspuut ja rukki kuuluivat maalaispirtin vakiokalustoon. Kuva: H.K.Lähde.

Kotiseudun eväillä tolalta toiselle

Kotiseudun kokonaiskuva on elontaipaleen aikana kiteytynyt. Pitkät perinnejuuret geeneineen ja talkoopitoinen yhteishenki sekä koulutus elontaipaleeni eväinä ovat tuottaneet tulosta. Maaseudun pientilan oloista lähdin. Maaseudulla toimin. Tänne palasin monipuolistuneen kotiseuturakkauden vahvistamana. Elontaipaleen yhteys kotiseutuun on siirtänyt yhteiskunnan olosuhteisiin mukautuvan elannon hankinta-alueiden anneista lapsuusajan luonnon luonnollisuuteen ja sydämellisen suven sielunmaisemaan tunnelmaisia rikkauksia. Oli antoisaa olla mukana maaseudun muutosten tulviessa melkeinpä isompia suvantovaiheita.

Työelämän toiminta-aika sisälsi tuhansia tehtäväpaikkoja niin erilaisten paikkaseutujen kuin erilaisia eväitä omaavien ihmistenkin tuottamaa toisenlaisuutta. Kaikilla on ollut oma merkityksensä ominaisannin syntymiseen lapsuusajan kotiseutuun. Se on kotiseuturakkautta. Kotiseutu on monipuolinen ja ihmisen mukana muokkautuvasti elävä tunne lapsuuden aitien ympärillä. Miespolven aikana tapahtui nopea koneellistuminen.

Kotiseutulaarin siemenet antoivat oivat eväät moniuraiseen työtaipaleeseen. Kronologisen ansioitumisen aika antaa mahdollisuuden vuosien varrella kehittyneen sisällön analysoivaan sulatteluun. Eväät tuottivat uutta siemenviljaa kotiseututunteen laariin. On peilautumisen paikka ja voimavaroiksi saamani lainajyvästön tarkastelun ja osingonjaon aika. Eväät ovat osa-aikaisten olojen myötä rikastaneet käsitteen sisältöä. Ne ovat tuottaneet ihania muistoja ja unelmien antimia.

Hukkakauran kitkentä ei antimista aina onnistunut. Kohtalon tummat koettelemuksetkin tunkeutuivat laarien lokeroihin. Tulos on elämäni antia kulloinkin koetussa erilaisten ihmisten oloissa. Sitä ovat muokanneet ne ihmiset, joiden kanssa arkea elin ja pyhää usein erilaisine juhlineenkin vietin.

Aika loi uutta historiaa. Elon taival on antanut erilaisten kotiseutujen aarteita. Niiden merkitystä on lisännyt kuuluminen sukupolveen, joka on saanut kokea maaseudulla viime vuosisadan puoliväliin asti yltäneen, vuosituhansia kestäneen lihasvoiman ja uunilämmityksen aikaisen työnteon hiipumisen. Maaseudun elintoiminnot ja kulttuuri ovat muuttuneet nopeasti perustarpeiden pysyessä samoina. Lapsuuteni aikaiset elomuodot ovat arkistoituneet. Käsitteet ovat muuttuneet. Näiden perinteiden tallentaminen ja sisällön siirtäminen uusien sukupolvien tietoisuuteen on yksi tärkeä palaute. Toivon mukaan kymmenien kirjojeni tallenteet tuottavat omalta osaseltaan mielenkiintoa ja iloisia hetkiä isovanhempien ja lastenlasten välisiin juttutuokioihin. Olemmehan osa maaseudun elomuodon jatkumoa. Kotiseudun kokonaisuus pyörähtelee kuin himmeli hiljalleen ihmisen elämässä. Sen lumous sekä kotipiha sielunmaisemineen näyttävät valoisia tunnemuistoja, jotka avaavat ihania kurkistusaukkoja lapsuusaikaan. Niitä on tallentanut ihmeellisesti toimiva silmäkamera muiden aistien avustamana. Niistä sielun säie tuo valoisuutta elämään.

Elämä on siihen suostumista. Meidän on mukauduttava erilaisiin olosuhteisiin lapsuudesta alkaen. Samalla on luotettava yhä enemmän ihmisten ammattitaitoihin. Siinä oma roolikin muotoutuu. Suunta ohjautuu olosuhteiden ja omien vahvuuksien mukaan. No, niinhän asia on aina eri ikävaiheissa. Toiminnan tahti hiipuu. Kiireestähän ei koskaan ole muuta kuin haittaa. Se on asennevamma, sanoi Armi Ratiakin. Myönteisyys on avuksi. Ainahan ihmiselle on ollut eduksi mukautua vallitsevaan elomuotoon. On jopa edullisempaa olla, jos mahdollista veturien avustajana kuin riippakivenä. Tosin sekin on tärkeää, kuten kalastuksessa, missä riippakivi on tarpeellinen.

Isovanhempien ja lastenlasten antia toisilleen

Isovanhempien elomuoto on osa arkea. Ihmisen elinkaari sisältää erilaisia vaiheita. Lastenlapsista tulee aikanaan isovanhempia. Lapsi syntyy isän ja äidin perheeseen ja sukuun. Lapsi kehittyy ja oppii asioita omasta näkökulmastaan. Hapuilevat ensi askeleetkin tuovat ilonaiheita itselle ja perheelle. Joskus se ilo kerrottiin kylässäkin. Uusien asioiden mittavan määrän oppimiseen kuluu lapsuus ja nuoruus yhteisöjen jäsenenä ja antoisan koulunkäynnin puitteissa. Varttuminen täysi-ikäiseksi tuo mukanaan aikuisuuteen siirtymisen elomuotoja kohti omaa tulevaisuutta. Sen virallinen säädösohjaus suo mahdollisuuden monenlaisten oikeuksien ja myös velvollisuuksien nauttimiseen. Vastuu itsestä ja omista toimista lisääntyy. Se ei kuitenkaan paina hartioilla. Se on osa elomuotoa. Onni ohjaa oikeaan toimintaan. Joskus siihen ohjasi jopa äidin tehokas katse.

Saadut juuret ja siivet ovat ohjaamassa hyppäämistä itsenäisyyteen kuin lintu kotipesästään tietäen siipien kantavan. Sopeutuminen elämän erilaisiin yhteisöihin auttaa ihmistä edistymään omalla urallaan.

Lapsuus antoi elämän eväiksi iloisuutta. Riemua tulvahti lähes kaiken uuden oppimisessa. Isäni ohjauksessa opin, että tulos tulee työllä sen jälkeen. Oman uran ja yhteiskunnan jäsenyyden kautta toimivaa elomuodon rakentamisaikaa kestää oma aikansa aikanaan ohitse lipuen. Isovanhemmuus tuo uusia näkökulmia. Voi, miten ihana tunne oli tulla lapsena kotiin. Muistista avautuu ihmeellisen maailman elokuvia. Ne sisältävät toisin kuin paperikuva tilanteen tunteen ja tuoksunkin tilanteen muiden elomuotojen ohella. Eikö ?

Maaseudun pientilalta lähdin. Maaseudun oloissa toimin. Niihin myös palasin monipuolistuneen kotiseuturakkauden vahvistamana. Saamani eväät ovat tuottaneet uutta siemenviljaa palautteeksi kotiseututunteen laariin. On peilautumisen paikka ja voimavaroiksi saamani lainajyvästön tarkastelun ja osingonjaon aika. Ne korostuvat koneellistumisen aiheutettua nopeaa muutosta maaseudun yhteenkuuluvuuteen ja yhteistoimintaan sekä iloiseen yhdessä tekemiseen. Ennenvanhan aika on taakse jäänyttä. Yhä useammat kysyvät: Mistä minä olen kotoisin? Se osoittaa perinteitä jatkavan liekanarun kaipuuta. Kotiseudun sisällön perinteet antavat eväitä tulevillekin sukupolville.

Isovanhemman elomuoto kuuluu elämän arkeen. Iän myötä on tallentunut kokemusta ja perinteistä tietoa edellisiltä sukupolvilta. Se sisältää omalla tavallaan arvokasta. Siinä on ilmeisesti jotakin sellaista, mitä lapsenlapset tarvitsevat eväiksi elämänsä matkalle. Siinä on jotain sydämellistä. Isovanhempien perinteisiin sisältyy omakohtaisuutta. Ilman sitä perinteet olisivat vain tottumuksia vailla sen syvällisenpää ulottuvuutta. Ne sisältävät kotiseutua. Antavat mukaan yksinäisyyden yksittäisiä muistoja. Pienistä asioista löytyy sisällön kokonaisuus. Sillä tuttuuntuu nopeasti.

Mutta millaisessa ympäristössä ihminen sitten tuntee olevansa kotiseudulla tai kotonaan. Monet muistavat, millaista oli lähteä ja millaista palata kotipihaan. Millaisen tunteen saivat maailmalla aikaan kotiseutuyhteydet.

Harrastin opiskelua, opiskelin harrastuksia

Olihan se virkojen lakkauttaminen aika yllättävä päätös parin kuukauden ennakointina. Organisaatiot uudistuvat. Sitä tuskin on tarpeen selitellä. Tuntui aluksi, että onpas maailman kirjat sekaisin. Niin sanottiin ennen vanhaan. Mutta pian se myönteinen puoli kirkastui. Elinikäinen opiskelu oli ollut omiaan auttamaan eteenpäin mittamiehen tehtävistä vastuuseen koko kotiläänin kartastotuotannosta ja maanmittausalan tehtävistä kansalaisten ja muiden viranomaisten tarpeiden mukaisesti. Virkatehtävien jälkeen odottivat moninaiset harrastustehtävät. Mittavin niistä oli kotiseudun ennenvanhan elomuotojen selvittäminen.

Jo lapsuusaika oli luonut kiinteät siteet kotiseutuun. Vuosikymmenien elämä maaseudun ihmisten parissa oli vahvistanut tunnetta. Muutamat kiintopisteet olivat muotoutuneet rakenteen peruspilareiksi. Edelleen kotipihassani oleva aura on yksi niistä. Muita ovat kuikka Säynäjärven rantapesällä ja pääskynen kotitalon räystään alla. Edelleen tahdon vielä mainita yhdessä esikoistyttäreni kanssa pyydystämämme ravun, joka sekin pintapuolisesti kuivattuna elää mukanani kotikeittiön seinällä. Ne eivät ole vain lintuja tai työvälineitä. Ne ovat saaneet nimen isolla alkukirjaimella elämäni saatossa.

Nimen tarkempine tietoineen saivat myös ne 120 kedon kasvia, jotka oppikouluajan alussa keräsin ja tarkoin tallensin herbaarioarkille. Nyt lienevät tuhonturmiolla. Monen nykyihmisen esivanhemman kotien vinteistä tuollainen kasvistokokoelma löytyy varmaan edelleenkin muistuttamassa ennenvanhan luonnon tuntemuksen opiskelusta. Korkeakoulussa oli vaatimuksessa tenttiä 150 sammalen kasvikokoelman yksilöt. Lajiyksilön nimeäminen on oiva tapa luonnon monimuotoisuuden syvempään ymmärtämiseen.

Maaseudun mittava muutos puolen viime vuosisadan aikana on lopettanut lähes järkyttävän määrän maaseudun ammatteja ja lihasvoiman aikaisen työn taitoja. Se on muuttanut oleellisesti säilyneidenkin käsitteiden sisältöä. Kotieläinten olinpaikat elomuotoineen ovat kehittyneet lähes tehdasmaisiksi kasvatuslaitoksiksi.

Lammas ja lehmä ja moni muukin kotieläin on useille nykyihmisille mielenkiintoista eksotiikkaa. Mielestäni tämän kokonaisuuden tallentaminen tulevaisuudelle on merkittävää ja ajankohtaisena tarpeellista toimintaa. Tällainenkin omakohtainen pienoiselämäkerta tosi toimintoineen on toivon mukaan perinteitä tallentavaa ja niitä nykynuorisolle siirtävää toimintaa.

Työtehtävissä ei juuri digimaailmaa vielä ollut. Mutta se tuntui tulevan kovaa vauhtia. Ja niin tuli kotiinikin. Ostin ensimmäisen tietokoneen. Ostin mikrofilmiarkistojen kopioita Mikkelistä ja katselulaitteen. Ilmoittauduin tietokonekursseille ja sukututkimuskursseille työväenopistoon. Sitä kesti yli vuosikymmenen. Sain paljon uutta oppia ja niin sain aikaiseksi kirjoja kotiseudustani ja osittain myös maaseudun elämästä siltä ajalta, jonka olen itse kokenut. Se on nykyään työtapoineen suurelta osin entisaikaa, ja samalla myös muuttunut nykypäivästä katsoen historiaksi. Olen yrittänyt omalta osaltani sen tallentamista sekä edesauttaa perinteiden siirtymistä isovanhemmilta suoraan lapsenlapsille. Isovanhempien anti lapsenlapsille on erilaista kuin isän ja äidin anti.

Edustamani sukupolvi on saanut kokea uskomattoman mittavia muutoksia nopeassa aikataulussa. Niitä sain kokea myös oman elämäni työtaipaleen moniuraisuuden menossa. Oli toimittava ahkerasti. Joskus leikillisesti sanoin, että jos on päivänkin poissa koulutuksesta saattaa jäädä pahasti jälkeen kehityksen kelkan kyydistä. Se oli otettava kuitenkin aivan todesta.

Ryhdyin kokopäiväiseksi kotiseudun ja sukujen tutkijaksi kiinnostuksesta esivanhempien elämään ja sen taltioimiseen tuleville sukupolville kotiseutuni kunnioitukseksi. Lapsuudessani ja nuoruudessani tavallisessa talonpoikaiskylässä vallinnut omavaraistalouden aikainen lihasvoimaisen toiminnan aika oli syrjäytetty. Työn sisältö oli kokenut merkittäviä muutoksia. Moni työtoiminta on siirtynyt oikeastaan kokonaan historiaan. Tutkimustoiminnan tuloksena on jo toistaiseksi syntynyt yli 30 omakustanteista kirjaa. Niiden joukossa lähes 800 arkinkokoista sivua sisältänyt selonteko yli sadasta Pohjois-Lammin torpasta. Sen sidoin pellavakankaisiin koviin kansiin suorittamillani kirjansitojan kursseilla ja luovutin sen kotikuntani Lammin kirjastoon alkuperäisenä ja ainoana kappaleena.

Sekä isän että äidin puolelta kuulun torpparisukuun. Se ei kuitenkaan tuntunut olevan samanlaista torpista ja torppareista vallitsevan yleisen tuntemuksen kanssa. Siksi ryhdyin tutkimaan lähemmin asiaa.

Ajattelin, minkälaista opiskelu täysipäiväisesti korkeakoulussa on kuuden vuosikymmenen kuluttua edellisestä turkinnosta. Käymäni muut yliopisto-opinnot olivat olleet lyhyempiä muutaman opintoviikon kursseja. Neuvottelin aluksi Tampereen ja Helsingin yliopistojen kanssa. Päädyin kuitenkin Teknilliseen korkeakouluun, jossa olin ollut 1950-luvulla sen ollessa Helsingin Hietalahdessa. Nyt sama koulu oli Espoon Otaniemessä. Opinnot ja väitöskirjan aikaansaanti onnistuivat. Oli uskomaton tunne.

Venäjän tsaari Nikolai II:n päätöksellä Teknillinen Korkeakoulu aloitti toimintansa 1.9.1908. Olin mukana sen viimeisessä 100-satavuotisjuhlapromootiossa 2.4.2008. Sain kuulla nuo perinnesanat opinahjossani: *"Itsekin tekniikan tohtorina promovoin sinut Heikki Kalevi Lähde tekniikan tohtoriksi."* Sanat kuultuani hattu painettiin päähäni. Sitten TKK:sta tuli Aalto-yliopisto. Väitöskirjassani torppareista ja isojaosta osoitin tavallisen talonpoikaiskylän, kuten Lieson kylän torppareiden olevan suurta uudisasutustorppareiden joukkoa. Tohtoriksi opiskelun ahjo oli jo elämäni seitsemäs yliopistolaitos, missä olin ollut opiskelemassa ammattitaitoni säilyttämiseksi. Kaikki olivat omaa omaehtoista toimintaa. Maanmittauslaitos ei niitä ohjannut.

Ja taas yksi yllätys. Ollessani Espoossa nelipäiväisten valtakunnallisten kotiseutupäivien osanottajana elokuussa 2014 sain yllättävän puhelun. Iltalehti halusi varmistaa, että olin se Heikki, joka oli innostunut opiskelusta. Pyysivät saada tulla haastattelemaan. Suostuin lopulta. Niinpä lehti julkaisi pitkän jutun kotiseutupohjaisesta toiminnastani. Hattu ja kotipihallani oleva Fiskarsin kymppi olivat lehdessä kuvaamassa elinikäistä opiskeluani maaseudun ja kotikonnun hyväksi. Hevosvetoisella auralla olen joskus itsekin kyntänyt. Kaipa se on ollut tuo takaraivoon tallentunut uraa uurtava aura, joka on johdatellut uusien haasteiden kautta yhä uusiin ulottuvuuksiin. "Onni on joskus unelmoida ja pyrkiä pienestä suureksi. Onni on ahkeroida ja tehdä haaveita todeksi." Näin kirjoitti kyläseuran puheenjohtaja Pauli Riihilahti onnittelukortissaan.

Kiitos kotiseutu saamistani eväistä!

Kuva 63. Pari tuntia kestäneen väitöstilaisuuden päätteeksi siirryimme Teknillisen korkeakoulun aulaan nauttimaan varsin kotikontupitoisesta kahvipöydästä ja sen antimista. Miten ihanan kotiseudun ilmapiirin väitöstilaisuuden väen kahvipöytään Otaniemessä loihtivat saman päivän aamuna kotiseudun pientareilta poimitut vielä lähes aamukasteiset kukat ja uunituoreet vehnäset 19. päivänä kesäkuuta 2007. Ne koskettivat tunteiden sopukoita syvällisesti. Kiitos Marja-Liisa Lehtimäki ja Pauli Riihilahti läheisineen. Kuvassa Asta Sirnelä Isojoelta, joka on Taru-sisarensa kanssa toiminut usein juhlieni pääemäntänä. Kuva: Timo Valkeapää. Iltalehti yllätti syksyllä 2014. Lehti teki ison jutun elinikäisestä opiskelustani. Nykymenossa se on jopa toiminnan edellytys. Kuva alla liittyy jutun tekoon.

Jouluaaton jännitystä ja hevosmatka joulukirkkoon

Sodan jälkeisenä aikana pulaa oli lähes kaikesta muusta kuin puutteista. Aapiskukko ja joulupukki olivat yllätysten ja odotusten tuojina. Edellinen seurasi läksyjen tekoa ja yleensä kiltteyttä ja avuliasta toimintaa. Tuvan ovikarmin ylle oli laitettu ahkeruuteen liittynyt kolmas toiminnan seuraaja. Koivuniemen herraksi sitä sanottiin. Mitä vähemmän sillä oli toimintaa, sitä mukavampaa oli. Eipä se käytössä kotonani kulunutkaan. Aapiskukko sen sijaan toivoi itselleenkin ahkeruutta. Se toivoi saavansa tuottaa iloisen aamun illalla läksyjen parissa ahkeroineelle koululaiselle. Joskus se jännitti. Syksyn aikana jännitti myös joulutontun toiminta. Lumen tultua maahan jännitys lisääntyi. Tontun jälkiä alkoi näkyä siellä täällä. Ikkunan takanakin hän näytti joskus käyneen kurkistamassa. Kirje joulupukille ei ylellisyyksiä sisältänyt.

Aaton vietosta kertovat muistikuvani monia mieleen jääneitä muistoja. Arjen meno oli maaseudulla lihasvoiman aikaan sopivan verkkaista. Aaton toimintaa leimasi juhlan harras sisältö. Pitkät perinteet ikään kuin liimasivat perhettä yhteiseen toimintaan. Joulukuusi oli merkitty jo kesän aikaan näkyvästi. Nyt se oli jo tuvassa koristeltuna itse tehdyllä siniristilippujen nauhalla ja koristepaperiin käärityillä puukarkeilla.

Hyvät heinätkin oli karjalle juhla-aatoksi katsottuna. Kuusi kulkeutui kotiin Helyn verkkaisesti vetämän heinähäkin päällä. Tupaan tuotu kuusi koristeltiin kotona tehdyillä koristeilla ja tuotteilla. Huolenpito karjasta aikaistui aattona. Joulusaunaankin perhe meni hyvissä ajoin. Me lapset iloitsimme monta kertaa lämpimästä löylystä ja siihen liittyvästä lumihangessa käynnistä. Enkelin kuvat jäivät muistoksi.

Höyryävänä perhe siirtyi saunasta tupaan. Joulupöytä oli katettu oman talon tuotteilla. Ainoa ajoitettu ajankohta oli F. E.Sillanpään eli Taatan perinteisen joulupakinan kuuleminen. ”Silloin se joulu tuli.” Iän karttuessa se kiinnosti entistä enemmän ja lievensi joulupukin aiheuttamaa jännitystä. Jouluillallinen aloitettiin tavan mukaan Jouluevankeliumin lukemisella. Isä sen aluksi teki. En muista, milloin tehtävä siirtyi minulle. Joulupöydässä oli tietysti kinkkua ja tuuvinkia sekä maksa- ja porkkanalaatikkoa muine perinneravintoineen.

Joulupöydän nautintojen jälkeen huipentui joulupukin tulon odottaminen. Tuleekohan ja tuoko lahjoja. Lopulta ulkoa kuului liikettä. Eteisessäkin alkoi kepin kopina ja lahjasäkin ääni. Koputusta seurasi oven avaaminen ja pian kuului: "Onkos täällä kilttiä lapsia?" Vähän hämillään vastattiin monin tavoin myönteisyyttä osoittaen. Kotoiselta näyttävän säkin sisältö alkoi avautua uusien lukutaitajien avustamana. Isä oli epäonnisena hevosia ruokkimassa. Saimme kuitenkin iloisina kertoa hänelle, että pukki oli käynyt ja tuonut lahjojakin.

Joululahjat olivat usein samanlaisia elämälle tarpeellisia tuotteita, mitä kotona käytössä nähtiin. Yksi iloinen erikoisuus on muistiini jäänyt. Naapuri oli saanut tuohon aikaan odotetun Amerikan paketin ja antoi yhden tai pari appelsiinia meille jo isolle lapsikatraalle yllätykseksi.

Voi sitä ihanuutta, mitä appelsiinin viipale tai pari toi makuhermojen maiskuteltavaksi. Ne maistuvat vieläkin mielen muistista avautuneina.

Kuva 64. Iäkäs Korvatunturin joulupukki huipensi ja laukaisi aaton jännityksen. Oikeanpuoleisessa kuvassa kaksi vanhinta jo 80-vuotiasta joulupukilta saamaani lahjaa. Bonzo on jo puolisokea, mutta Mikkihiiri on innokas voimistelemaan nappikytkennän avulla. Kuvat omasta albumista.

JOULUA KODIN LÄMMÖSSÄ.
14.12.2016

Mistä aineet joulun aistiin.
Joulutorttu, kinkkupaisti,
tai moni muukin tuttu tuoksu,
vaan ei kiireen turha juoksu
luovat joulun nautinnan
kera seimen lapsen sanoman.

Kedon miehet paimenina
ensiksi sen uutisena
enkeliltä kuulla saivat
syntymästä Vapahtajan,
ennustetun pelastajan.
Häntä hekin paikaltaan
lähtivät myös katsomaan.

Siksi seimen lapsen syntymää
mekin muiden kanssa vietetään.
Rauhallisen hartaisasti
joulukirkon viettoon asti.
Aaton aika kokonaan
johtaa joulun tunnelmaan.

Saa eläimetkin osuutensa.
Saunan löylyt hiljallensa,
juhlapöydän valmistelu
ja joulukuusen koristelu
tähtää juhlan sanomaa
perheraamatusta kuulemaan.

Ilta päättyy lasten mieleen
Jotain koputusta ovipieleen
tarkasti on korva kuullut
monesti jo melkein luullut
joulupukin saapuneen
lahjojensa jakamiseen.

Lapset kertoo iloisesti
isälle, kun hällä pesti
hevosiaan muistamasta
perinteiden toiminnasta
päättyy tupaan palaamiseen
lasten iloon, halaamiseen.

Illan jännitys jo vähän laukee.
Unimatin kotiin ovet aukee.
Pian koittaa aamun varhaishetki
Alkaa pitkänlainen hevosretki
joulukirkkoon varhain kello kuusi.
Niin oli ennen. Nyt on tapa uus.

Kuka toi joulun kirkosta kylään

Joulun aika lapsuudessani poikkesi huomattavasti nykyisestä. Joulun sanoma on ymmärrettävästi sama. Aaton jännittävyydet olivat ohitse. Unimatin luoksekin oli ehditty muutamaksi tunniksi. Edessä oli uusi erikoinen kokemus. Se oli varhainen muutaman tunnin matka joulukirkkoon. Olimme menossa kotioloista poikkeavaan tapahtumaan. Kierähdin lapsukaisena rekeen vällyjen alle. Villoineen parkittu lampaannahka oli lämmittävä alapuoli. Pakkasta oli 1940-luvulla usein yli 40 astetta. Villan vastapuolella oli kangaspäällys. Kaikki oli kotitekoista. Tuota parkitsemista ei ihan joka talossa tehty. Nahkurit olivat talonpidon ohella käsityöläisiä. Karvalakit sekä kotikutoiset villapaidat ja tumpit lämmittivät tarpeen mukaan riittävästi. Kylmyydessä ja joskus pitkillä matkoilla oli otettava jäniksenlämmintä. Joskus pääsi isän viereen kuskipukille. Pari muuta mukana olijaa nautti omista vällyistään takapenkillä. Hevosen eväsheinät oli pakattu mukaan sopivaan paikkaan. Matka sujui silakellon kilkattaessa ja kavioiden kapseen tahdittaessa. Matkaa tehdessä lumen laadusta sekä pakkasesta ja kelistä riippuva ääntely reen jalasten alla toi vaihtelua äänimaailmaan. Silakellon ääni hevosen valjaissa viesti matkanteon laadusta ja nopeudesta. Ravin muoto kuului joskus muutenkin. Tilsa saattoi lennähtää kopsahtaen kavioista parempia matkoja varten tehdyn reen nokkaosan ulkopuolella.

Kuva 65. Kirkkojen läheisyydessä oli lapsuusaikanani puomeja hevosten kiinnittämistä varten. Näitä hevospuomeja oli monissa muissakin paikoissa. Puomikuva Savitaipaleelta. Närpiössä oli siellä töissä oloni aikana yli 200 hevostallia kirkkoon tulleiden ihmisten hevosia varten. Kuvat: H.K.Lähde.

Silmäkameran videoimaa elämää

Isoisäni piti päiväkirjaa ja kirjoitti runoja elämästään. Niin teki isänikin. Siihen sisältyi ymmärrettävästi myös esikoispoikansa ensimmäisiä vuosikymmeniä. Omiakin tapahtumia löytyy varmaan monilta talteen kirjoiteltuna. Minun opiskeluaikani sisälsi Helsingin ohella muutamia kesäisiä harjoittelupaikkoja. Olin Pulsassa, Lahdessa, Porkkalassa sekä Bromarvin ja Hangon seuduilla. Ihmisten kotiseutujen luettelo laajeni lähes neljän vuosikymmenen aikana toimiessani erilaisissa maanmittaustehtävissä sekä Pohjois- että Etelä-Suomen maaoikeuksissa ja Hämeen läänioikeudessa neljän läänin alueella kaikkiaan noin 350 kunnassa. Tapahtumia maaseudun ihmisten luona kerääntyi noin 3000 tilalla. Muistiinpanot ovat tallentaneet elonpolkuni etenemistä omalla tolallani. Sen ainoaksi isoksi johtolangaksi muotoutui alusta lähtien kulkeminen maaseudun elomuodossa. Olen saanut kaiken aikaa toimia maaseudun ihmisten parissa ja heidän kanssaan heidän asioitansa edistämässä.

Eväitä kotiseudun tuntemukseen sain lapsuusajassani pienen maatilan moninaisissa tehtävissä. Silloin opittiin mukana olemalla ja tekemällä aivan talutettavasta taapertajasta lähtien. Asiat tallentuivat takaraivoon ja selkarangan toimintaytimiin selkeästi lukemalla oppimista paremmin. Kansakoulu ja oppikoulu sekä korkeakoulu antoivat omia eväitään elämänkoulun käymiseen. Kaikkia ympäröi yhteys ennenvanhan elomuotoon. Se tuntui monesti kaihoisalta. Kaipuun kyynel kotiin vierähti usein silmäkulmiin isän ja äidin seuraavien katseiden kauentuessa linja-auton lähtiessä Hämeenlinnasta kohti kotiseutua. Varmaan monet meistä muistavat tunteen ”miten ihanaa oli tulla kotiin.” Kouluaikana erilaisten kodin lämpimäisten tuoksu tervehti tuntoelimiä jo pihaa lähestyessä. Siihen sisältyi uunivuntunutta ruuan ja lauantaisiivousten sekä lauantaisaunankin tuoksua.

Kotiseutu oli juurtunut pysyvästi mielen muistiin. Siksi elämän koulu muodostui antoisaksi käsitteen avartajaksi. Ennalta ohjelmoitua se ei juuri ollut. Ei ollut kuitenkaan sattumien varassa. Johdatuksen polku tuntuu jälkikäteen ajateltuna varsin hyvin toimineelta tolalta eli oikealta tieltä takaisin kotiläänin alueelle päättyvään toimintaan. Se jatkui vielä virka-ajan jälkeenkin sen antamin lisäeväin.

Elämän polulla tolalta toiselle oli haasteita yllin yllin. Astuinhan valmistuttuani työtehtäviin aikana, jolloin maaseudun vuosituhansia vanha elomuoto joutui suhteellisen nopean rakennemuutoksen kohteeksi koneiden tullessa avuksi ja samalla uusien toimintamuotojen vaatijoiksi. Muutos vaikutti tietysti myös ihmisten kanssa heidän asioissaan tapahtuneeseen toimintaan heidän hyväkseen monenlaisissa ympäristöissä. Useimmiten ne olivat heidän kotiseutuaan.

Tapaamiset olivat molemmin puolin antoisia ja täydellistä luottamusta sisältäviä. No, virkavala ja tuomarinvala toimivat oven avaajina ihmisten asioiden hoitamiseksi. Mutta sain kokea myös luottamusta ihmisten ilmaistessa omia ajatuksiaan heille monesti merkittävissä asioissa. Ei minun tarvinnut ottaa kirjoituskonetta esille ja panna asiaa heti allekirjoituksineen paperille. He olivat myöhemminkin samaa mieltä. Tunsin, että asiaa hoidettiin antoisassa yhteistoiminnassa. Tapasin aitoja ihmisiä eri ikäluokista ja elämän eri vaiheissa. Nykyisestä nettitapaamisista ja keskusteluista on kadonnut kokonaan ihmisen kehonkielen tuottama varsin monipuolinen ja antoisa lisäviestintä. On hävinnyt silmän tuottama lisäinfo. Pukeutuminen ja asennot ja liikehtiminenkin viestivät kanssaihmiselle monenlaista tietoa. Kosketuskin korvasi monesti sanallista kertomista. Niin teki myös viittominen ja monenlainen kehonkieli.

Oleellista oli myös, että menin aina työn luokse ja halusin kehittää taitotasoani muuttuvassa yhteiskunnassa elämänaikaisella opiskelulla. Omien ajatuksien valintoja ei uraohjauksessa kuitenkaan kovin paljon ollut. Ajatteleva isäni ohjasi koulun penkille. Päämääränä oli toiminta ihmisten asioiden parissa. Elotaipaleeni teiden risteyskohdissa tuntuu käyneen monesti niin, että minut ohjattiin oikealle tolalle joskus hiukan poiketen omista aatoksistani. Ohjaava myötätuuli auttoi asioissa eteenpäin. Kirjassani on paljon silmäkamerani tallentamia kuvia ja jopa filmikatkelmia oman elämäni alkuajoilta. Ne saavat usein aikaan ihanan tunteen.

Yli vuosikymmen ennen viime sotiemme päättymistä ensi kerran tapahtunut silmieni avautuminen Hämeenlinnan Höyhensaarella mahdollisti maailmamme näkemisen. Syntymäkotini oli Ojamäen torppa. Synnyin yhdeksänlapsisen perheen esikoisena yhdeksi kansalaiseksi noin 3 561 600 jo olevan asukkaan joukkoon. Perheet olivat tuolloin monilapsisia. Isovanhempani olivat neljästä monilapsisesta perheestä. Kanssani samana vuonna uusia suomalaisia syntyi 67 713 ihmislasta.

Sinä vuonna Ester Toivonen valittiin Miss Euroopaksi. Seura-lehti aloitti ilmestymisensä ja Siltalan pehtoori tuli elokuvamaailmaan. Maitolitra maksoi 1,52 ja hiivaleipä 5,09 mk sekä kahvi 29,90 mk kilolta.

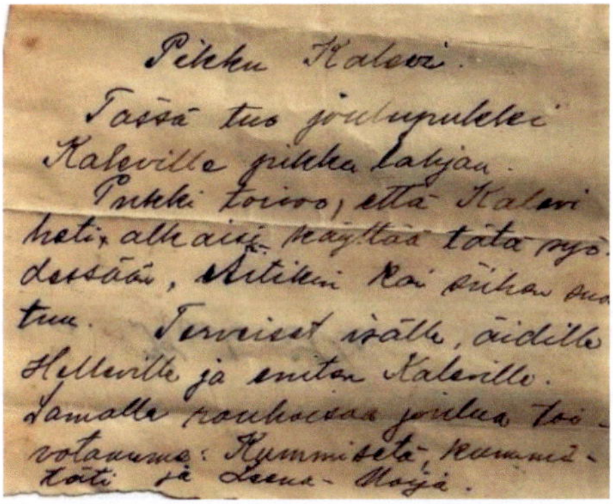

Pikku Kalevi.
Tässä tuo joulupukki Kalevilla pikku lahjan.
Pukki toivoo, että Kalevi heti alkaa aina käyttää tätä syödessään, Äitikin kai siihen suostuu. Terveiset isälle, äidille Hellevillä ja enitten Kalevillo.
Samalla rauhaisaa joulua toivotamme: Kummisetä, kummitäti ja Laura-Maija.

Kuva 66. Kummilusikka on ollut ahkerassa käytössä jo kahdeksan vuosikymmentä. Siihen liittyvä kirje on vieressä. Siitä näkyy myös kummitätini huolenpito. Kähkärän papalta sain jo ensi talvenani uudet housut. Mammalta sain 1.5.1940 kellon, kun opin siitä ajan tuntemaan. Kähkärän mamma kannusti kovasti pienestä pitäen oppimaan. Taskukello kulki kanssani kauan aikaa osoittaen, kunnes kellotaskut hävisivät miesten housumuodeista.

Tasan kuukauden ikäisenä Ojamäessä pidetyissä ristiäisissäni olivat kummeina metsätyönjohtaja Anselmi Lähteenmäki ja vaimonsa Anna Neroskulmalta sekä kartoittaja Heikki Poutiainen ja vaimonsa Lyyli Liesosta. Kastetilaisuudessa julkistettiin nimekseni Heikki Kalevi. Heikki periytyi sekä isän että äidin puolelta monessa polvessa. Kummit kävivät minua katsomassa usein isäni päiväkirjan mukaan. Liesossa kansakoulunopettajana toiminut Lyyli Poutiainen sai viime leposijansa matkallaan Afrikassa.

Kotikonnun eväitä oppikouluun

Lapsuusaikani kului maatalousvaltaisessa työympäristössä. Elin sellaisessa mukana lähes silmien aukenemisesta lähtien. Sain paljon oppia tulevaa elämääni varten tuosta mukana olemisesta. Elopolkuni oli monivaiheinen ja moniurainen. Sylivauvana varmaan kaihoisan katseen ja jalkojen potkuliikkeiden viesti vei äidin lämpöiseen syliin. Kähkärän mamman tykönäkin oli hyvä olla. Ensimmäisen kesän koittaessa omat jalat aloittivat vanhempien tukeman taapertelun tuvan laattialla kotikutoisten räsymattojen muodostaessa epätasaisuuden esteitä. Taapertaminen muuttui vähitellen tukea hyödyntävään seisomiseen omilla jaloilla. Se eteni hiljalleen hoipertelevan tallustelun kautta useampiakin askeleita kestäväksi. Elontien epätasaisuus oli osa arjen taivalta. No, eiväthän järven tyyneydessä purjehdustaidotkaan kunnolla kehity. Vastatuulen tyyppinen maaston epätasaisuus loi voimallista tahtoa selviytymisiin. Nykyään luonnonmukaisten kinttupolkujen ja kolmiuraisten hevosteiden tilalla on tasaisia tummanharmaita kestopäällysteteitä. Naarmu niissä saa autoilijan moittimaan tienpitäjää.

Silmän tunteensisältöinen tallennus näyttää, miten pelloillakin kuljettiin paljain jaloin ja poimittiin pudonneita tähkäpäitä isän tekemään pieneen pärekoppaan. Pienestä alkaen kehittyi henkistä rohkeutta ja kykyä oppia uutta. Imeytyi tosi toiminnasta uskoa siipien kantavuuteen. Ehkä isokuva kohtalon peilissä alkoi hahmottua, vaikka en itse sitä oivaltanutkaan. Myöhemminkin monesti sain kokea omien ajatusteni hiukan kolhivan kohtaloni polkua. Oli vähän sivuluisua oikealta kohtalon tolalta, jonka viitoitus tuntui olevan korkeammassa johdatuksessa. Elomuoto maaseudun ihmisten kanssa oli imeytynyt geeneihin kiteytyen.

Kotiseutu ja perimä kätkevät itseensä ihmeellisiltä tuntuvia ja merkittäviä ominaisuuksia. Lapsuus oli ennen vanhaan ehkä nykyistä lyhyempi. Sitä seurannut nuoruus oli pitkä. Elämän alku oli enemmän perhekeskeistä elämää. Oltiin mukana monissa talon ruokakunnan arkeen liittyvissä toiminnoissa. Mummo tai joskus vaarikin saattovati pitää seuraa nuorimmalle ihmistaimelle äidin järjestämien ruokailutaukojen välillä. Vaan eipä aikaakaan, kun pienokaisella alkoi omakohtaisten eväiden ammentaminen elämää varten. Alkoi oman kotoisuuden alueen tarjoama yhdessä ilmiöpohjaisesti tapahtuva elämän oppiminen eväiksi tulevaisuutta varten. Se ei ollut ulkolukemista vaan sisäisesti oppimista ja toiminnan taltioitumista mielen muistiin. Se sitoutui todellisuudesta oman elämän tuleviin tarpeisiin. Meillähän on itse kullakin erinomaisen monipuolinen tapahtumien ja toimintojen tallennuslaite. Tuo näköelin ei tallenna jotakin näkymää yksinomaan kuvana tai vähän liikettäkin sisältävänä muistitallenteena. Sillä on käytettävänään muiden aistien antamat lisäominaisuudet tapahtuman tallentumisen monipuolistamiseksi. Uskon, että aika monilla palautuu mieleen monia nuoruuteen liittyviä tapahtumia. Eikö siihen sisälly paljon muutakin kuin lyhyt mielikuva hetkestä. Taitaapa siitä löytyä antoisa kurkistusaukko lapsuuteen.

Lyhyt lapsuus ja pitkä tie aikuisuuteen

Vauvana oleminen kesti itse kullakin vähän vaihdellen vuoden verran. Mutta jo sinäkin aikana ihmistaimi osoitti iloisella ilmeellä ja liikkeillään tuntemuksiaan läheisiä ihmisiä kohtaan. Äiti niitä useimmiten vastaanotti. Mutta saattoipa jokin uusi tapaaminenkin saada pienokaiselta esille iloisen ilmeen ja naurua ennakoivan äännähdyksen. Vähän äänekkäämmät ja pitempään jatkuvat liikehdinnät antoivat ymmärtää ravinnon tarpeen ajan olevan käsillä. Elämä alkoi aueta yhteisössä mukana olemiseksi ihan pienestä pitäen. Liikkumisen reviiri laajeni nopeasti omien askelten avulla. Jaloille pääsemistä ja niillä pysymistä auttoi aikoinaan kainaloihin ulottuva reikätuoli. Ennen vanhan talviolosuhteissa liikkuminen pihalla jäi pienenä paljon suven suloista antia vähäisemmäksi. Kesän satokausi toi monta mielenkiintoista toimintaa. Mansikoitakin löytyi pellon pientareilta.

Varttuminen nuorukaiseksi avasi paljon uusia asioita. Naapurit ja asumakylän muut asukkaat laajensivat ihmissuhteita. Maatalouden työvaltaisuutta purkava yhteistoiminta toi uusia tuttuuksia niin ihmisiin kuin työtehtäviinkin. Sadonkorjuussa oli paljon toisistaan poikkeavia työvaiheita. Joissakin tarvittiin yhtä aikaa useita ihmisiä työvaihekokonaisuuden onnistumiseksi. Naapuriapu ja talkootoiminta toimivat erinomaisina keinoina tuloksen toteutumiseksi. Yhteistoimina osoitti vahvuutensa.

Mukana oleminen pienestä pitäen vaikutti luovuuteen. Kasvatti taitoa nähdä myöhemmin tuttuja asioita uudella tavalla. Ideoitui uusia oivalluksia. Kanssakäymiset koituivat kehitykseksi. Samalla syntyi oiva annos selkärankaan punoutuneita ohjeita tarvittaessa automaattisesti toimiviksi. Muistikuva avaa useampien aistien havaintoja sisältävät tallennukset. Lapsuuden ja nuoruuden aikainen perhe- ja kyläyhteisön kanssa yhdessä eläminen ja toimiminen rakensivat sisäistä ymmärrystä tuottavassa elämän todellisuudessa monia toimintamuotoja myöhemmin hyödynnettäviksi. Oppi ei ojaan kaada, sanotaan. Se kasvatti juuria aikuisuudessa selviytymistä varten. Lapsuus sisälsi kotiseudun annin ammennuksen omamuotoisen kotikonnun muotoutumiseen.

Maaseudun luonnollisuus ja lapsuuden kotiseutu mahdollistavat maiseman nautinnon. Sen anti on ihmisestä itsestä riippuvainen. Mahdollisuus maiseman muutokseen sisältää aimo annoksen hyvinvoinnin hoitamiseen niin oman kuin luonnon luonnonkin suhteen. Tunnemaailman syvällisyys lähes loihtii aktiiviseksi sielunmaiseman tuomaa hyvinvoinnin antia kotiseudun juurien eväiksi edelleen. Se on hyvinvoinnin eväiden yltäkyllää.

Viimeisin pulamme opetti tulemaan toimeen

Tuon maamme viimeisimmässä pula-ajassa kokemani elämän monien toimintamuotojen ja tuntemusten sekä toimintatapojen ymmärtämiseksi otan esille lyhyesti ja lähes luettelonomaisesti mahdollisen lukijan kuviteltaviksi muutamia nykyelämälle jo lähes mielikuvitusmahdollisuuksienkin ulkopuolelle jääviä olosuhteita. Lapsuudessani ja nuoruudessani valaisivat ulkona tuulessakin toimivat myrskylyhdyt. Valaistus toimi myös öljylamppujen ja karbidilamppujen sekä kotona tehtyjen kynttilöiden avulla. Sähkön puuttumisen vuoksi veden käytössä tarvittava joka pisara oli kannettava kaivosta sinne, missä sitä tarvittiin ja vietävä käytön jälkeen pois. Asunto ja eläintilat oli lämmitettävä erikseen jokaisessa huoneessa olleilla erillisillä puu-uuneilla. Pilkotut puut oli noudettava pihalta puuliiteristä. Puhelinten käytön korvasi viestiminen ihmisiä tavatessa tai postin kautta kirjeitse.

Todella erikoista nykyisyydestä ajatellen oli autojen kulkeminen puupalasilla. Niitä pilkkeiksi kutsuttuja vähän tikkuaskia vähän tikkuaskia suurempia puupalasia sahattiin kiekkoina koivupölkyistä ja pilkottiin pienemmiksi ja kuivattiin. Niitä tehtiin muistakin puista monissa alueen taloissa. Sain niitä tehdä lapsuudessani. Sain pikkuisen omaa rahaakin. Autoja silloin ei joka päivä nähnytkään. Talvikuukausina ei ollenkaan. Vaatimattomia kulkuväyliä ei aurattu. Ei ollut aura-autojakaan.

Oleellinen olotila oli todella se, että lapsuuteeni ja sen kehitysjaksoon vaikutti merkittävästi perhettä laajempi yhteisö. Siihen kuuluivat äiti ja isä sekä Kähkärän mamma ja pappa. Isoisäni siirtyi ajasta ennen syntymääni. Isänäiti asui Ojamäessä yhdessä Reetu-setäni kanssa. Kähkärässä sain olla lapsuudessani suhteellisen paljon. Mamma ja pappa tulivat läheisiksi. Kumpikin lyyhistyi yhtäkkiä kotipihalleen. Mamman tapasin viimeksi nukkumassa ikiuntaan omalle vuoteelleen nostettuna.

Sisareni Anneli vaipui ikiuneen kovan hinkuyskän uhrina isäni sylissä Heikin päivän iltana sunnuntaina 19.1.1941. Muistan hyvin, miten isä ja äiti yrittivät auttaa Annelia selviytymään tilanteesta ja elvyttää häntä. Tuoni vei kuitenkin voiton. Anneli saatettiin viime lepoon keskiviikkona 5.2.1941. Isä ja äiti olivat hevosella matkassa ja toiset olivat linja-autolla. Tuon ajan teiden kuntoa osoittaa isäni kommentti päiväkirjassa: *"Oltiin sentään. siksi kotona kuin toisetkin."*

Kuva 67. Anneli lepäsi kovalla pakkasella kylmän salin pöydällä ja saatettiin yli 40 asteen pakkasessa viimeiselle leposijalleen. Kuva omasta albumistani.

Kotiohjaus tie ulkoluvusta uskon salaisuuksiin

Uuden oppiminen alkoi tietysti jo kotioloissa. Konttausta seurasi kävely. Maailmaa avartui läheisyyttä laajemmaksi. Tapahtui tekemällä oppimista. Tavaamisen alkutahditkin tulivat tutuiksi. Aapiskukko kannusti. ”Ääiiäi-teeiiti-äiti.” Onnistunut tavaaminen herätti aamulla katsomaan, oliko kukko muninut. Alkuopetukseen liittyi myös pyhäkoulu. Äiti piti huolen sinne lähdöstä pyhävaatteissa ajan tavan mukaan. Ei asu kuitenkaan mikään puku ollut. Matkaa naapuriin Paavolan taloon oli vain muutama sata metriä. Mieleeni on jäänyt, miten pahalta tuntui, kun Paavolan puinen päärakennus paloi maan tasalle. Vuotta en muista, mutta isä kertoi tultuaan sieltä, että niin kävi. Tilalle he rakensivat tiilirakennuksen hoidetun mansikkamaan äärelle.

Pyhäkoulua piti Paavolan mamma, Amanda nimeltään, pienessä huoneessaan talon luoteiskulmauksessa. Sinne kotoisaan kammariin kokoontui sunnuntaina aamupäivällä muutama lapsukainen. Muistan, miten siellä tuoksui joskus linjamentti tai jokin muu rohto. Saattoi olla sokeripalassa nautittuja väkeviä kamferitippojakin. Niitä käytettiin myös kotonani. Hotapulveri oli toinen yleislääke. Tuoksu on jäänyt mielen muistiin. Mamma oli kunnioitettavan iäkäs jo tuolloin. 70 vuotta oli ohitettu. Hän oli saattanut maailmaan kaikkiaan 11 lasta. Nuorin heistä oli Veikko, jonka maatilalla Pulsassa tein yhden kesän harjoittelijana maataloustöitä.

Aikanaan seurasi myös kansakoulun käynti Porraskoskella. Matkaa oli viitisen kilometriä. Kesällä se taittui jalkaisin ja joskus pyörälläkin nuorempaa sisarta tarakalla kuskaten. Talvella Reetu-sedän tekemät tervatut puusukset auttoivat menoa. Pakkastuiskuilla isä saattoi ja tuli hevosella vastaan. Luntakin oli. Kalkon niinipuun kohdalla piti isän kanssa joskus lapioida hevosta irti kinoksista. Kansakoulua kävin neljä vuotta, jona aikana selvitin viiden luokan opinnot.

Mieleeni jäi erityisesti monien uusien asioiden oppiminen. Kivirannan Kallen johdolla tein juustomuotin ja kynäkotelon ja pienen höylänkin. Muistoksi käsitöistä jäi vasemmassa peukalossa näkyvä arpi. Taltta lipsahti, mutta onneksi ilman pahempia vaurioita. Isompi arpi tuli nilkan sisäpuolelle jo ennen kansakouluaikaa hakatessani leppiä puimalan lähellä. Pidin vasenta jalkaa puun päällä ja vesuri osui nilkkaan. Juoksin äkkiä tupaan. Veri virtasi lattialla pitkin sanomalehteä. Isä sitoi ja hoiti. Lääkäriin oli matkaa kolme peninkulmaa. Kotihoito toimi hyvin, vaikka kesti vuoden päivät. Haava hoidettiin lämpimässä vedessä hautoen, ja pumpulitukolla puhtaaksi kaivellen. Luu näkyi. En juuri kävelemään päässyt. Opettelin kutomaan tumppeja. Se oli mielenkiintoista. Kudoin monia sormikkaita itse ruutupaperille piirtämieni kuvioiden mukaan. Kahta villalankaa mukana kuljettaen sormikkaista tuli aika lämpiminä. Kaikki oli harjoittelua todellisuuteen sidottua elämää varten. Sisäinen ymmärrys lisääntyi.

Koulun välitunneilla pelattiin vastalyöntiä tai neljää maalia. Pukillakin koeteltiin tasapainotaitoja kaksittain. Kumpi sai toisen putoamaan alas ensiksi. Joskus oli mahdollista käydä Ruuhijärven kaupassakin. Siellä saattoi olla makeaa jauhoa, joka tuli suussa punertavaksi.

Oman aikani kansakoulu oli suuresti poikkeava nykyaikaisesta peruskoulusta. Oppivelvollisuus tuli voimaan maassamme vuonna 1921. Se siirsi kiertokouluja historiaan. Sitä ennen kirkko oli varsin keskeinen kansalaisten opetustoiminnan toteuttaja. Mehän muistamme vaikkapa lukkarinkoulun Seitsemästä veljeksestä. Rippikoulut kehittyivät lukukinkereiden myötä omiksi opetustapahtumikseen 1600-luvulla. Samoihin aikoihin kehittyi kiertävästä opettajasta nimensä saanut kiertokoululaitos. Sen opettajaa sanottiin myös katekeetaksi.

Pitäjänkoulut ja kyläkoulutkin ottivat alkuaskeliaan 1800-luvun loppupuolella. Papistolla ja luostarilaitoksilla oli merkittävä osuus koulutustoiminnassa. Vuonna 1866 itsenäistyneen kansakoululaitoksen isänä pidetään J. W. Snellmania. Kansakoululaitos tuli samoihin aikoihin perustettavien kuntien kontolle. Lammi sai sen ensimmäisenä vuonna 1873. Lieson koulu alkoi vuonna 1897.[34] Koululaitoksen kehitys tapahtui hitaasti. Vuonna 1898 keisari hyväksyi piirijaon, jonka mukaan koulupiirissä ei kenelläkään olisi koulumatkaa yli viiden kilometrin.

Porraskosken kansakoulun toiminta käynnistettiin Matoniemen talon tiloissa. Niistä sovittiin, että ”kouluhuoneet kuuraa neljästi vuodessa J. Matoniemi 1,50 mk kerralla. Oppilaat särkevät puut ja lämmittävät luok-

[34] Pänkäläinen 2001. s.439.

kahuoneen.” Oma koulurakennus valmistui vuonna 1908 ja koulusta alettiin 1920 käyttää nimeä ”Porraskosken kansakoulu.” [35] Koulun alue ostettiin Lähde-Ranttilan tilasta 14:2, ja muodostettiin epäitsenäiseksi ja manttaalittomaksi palstatilaksi, joka itsenäistyi 1927.

Kotikylän koulun ensimmäiseen johtokuntaan kuuluivat Juho Matoniemi, Juho Kustaa Riihilahti, Juho Koivula, Antero Kirvesniemi sekä Henrik Lähde ja Kalle Kotaniemi. Se päätti, että koulutyö aloitetaan 10.10.1906. Asiasta ilmoitettiin oikein pitäjän kirkossa. Koulun toiminta kouluna päättyi vuonna 1969. Jonkin aikaa se toimi Lieson kouluna sen omana evakkoaikana. Viime vuonna koulutoiminnan alkamisesta oli kulunut jo 110 vuotta.

Minulle ensimmäiset koulun opit antoivat mm. Riihilahden Mirjami ja Kivirannan Kalle. Vuonna 1915 kansan karttuisa käsi sai aikaan koulukeittolan. Omana aikanani oppilaat tulivat kouluun oman patenttikorkilla suljettavan eväsmaitopullon sekä äidin tekemien rukiisten voileipien ohella. Kylä toimitti perunoita ja marjoja sekä muitakin ruokatarvikkeita koululle. Vuodesta 1948 kuntien piti järjestää kaikille oppilaille maksuton ateria jokaisena koulupäivänä. Ruoan laittamisesta huolehti koulun lähellä asustanut ja yli satavuotiaaksi elänyt Lempi Peltola.

Kansakoulun juhlatapahtumista ovat äitienpäivät ja päättäjäiset sekä joulujuhlat jääneet mieleen. Todistus sai aikaan oman jännitysmomenttinsa. Se oli ainutlaatuinen elämys opintien alkutaipaleella olevalle koulupojalle.

Perunannostolomat ja muut vastaavat vapaat koulusta liittyivät läheisesti entisajan maaseudun toimintoihin. Koulumatkat tehtiin joko jalkaisin tai siihen aikaan harvinaisilla polkupyörillä. Tuiskukeleillä käytettiin hevoskyytejäkin. Talven kulkuvälineet olivat kototekoisia. Matka sujui tervatuilla puusuksilla, joissa oli myös kotoiset siteet. Nahkalenkki oli aina valmis lähtöön ja mono tai joku kipparakärkinen huovasta tehty tossu oli helposti irrotettavissa suksesta. Myöhemmin monojen myötä tuli Voittositeet. Kiinnitys sukseen oli kiinteämpää. Voi miten ihana oli hiihdellä keväisillä hankikantosilla.

---

[35] Kyläkirjako. sis.205 ja 224.

Kuva 68. Koulun pääovi on alkanut maastoutua. Kuvassa on myös jo kuvaa otettaessa 100-vuotias kylän monitoimiavustaja ja koulukeittäjä LempiPeltola. Kuva: H.K.Lähde.

Hiihtäminen ja mäenlasku olivat vapaa-ajankin harrastuksia. Mäkeä laskettiin monenlaisilla kelkoilla. Paavolan poikien kanssa tehtiin kyllä joskus oikein hyppyrimäkikin Kalkon kohdalle, missä oli hyvä rinne Kuohijärveen. Toinen paikka oli lähimetsässä. Viisi metriä oli kova tulos.

Koulun pihassa pelattiin neljää maalia tai vastalyöntiä. Välitunneilla hyppynaru ja pukkitappelu ilman tappelua olivat ajankuluja. Toisinaan harrastettiin sitä parijuoksuakin, missä etummainen määräsi suunnan ja takimmainen vauhdin. Harrastuksena oli muistovihko varsinkin tytöillä. Kerättiin myös tulitikkulaatikoita, joista rakennettiin lipastoja. Kiiltokuviakin vaihdeltiin.

Lieson kylää pilkkoi pitkä Kuohijärvi. Säynäjärvi ja Nerosjärvikin vaikuttivat kulkemisiin. Hankalakulkuisia alueita oli useita. Avuskulma ja Neroskulma olivat kauimpina. Saarissa asuvia haittasi kelirikko. Avuskulmalaisilla oli pitkä matka kolmeen kouluun. Osana Porraskosken koulupiiriä toimi alakoulu Ankeriasniemen talossa.

Järventaustan asumakylän koulupiiri oli suurimmillaan varsin laaja ja vesien pirstoma. Kansakoulupiiri muodosti samalla aikoinaan myös vaalipiirin äänestysalueen. Koulupiiri käsitti suurimmillaan noin 500 henkilöä. Laaja piiri kuitenkin mureni aikojen saatossa. Neroskulman asumakylästä siirtyi vuonna 1928 laaja alue Padasjoen kuntaan muodostaen sinne Lieson kylän. Näin isojaossa muodostuneet kylärajat säilyttivät edelleen sijaintinsa.

Kyläkirjan sivulla 39 olevan laskelman mukaan vuonna 1939 Isokulmalla oli 252 henkeä sekä vuonna 1950 262 henkeä. Koneellistumisen aiheuttama monenlainen toimintojen lakkauttaminen pudotti asukasluvun jo vuonna 2002 73 ihmiseksi.

Vesistöt olivat niin kesäisin kuin talvisinkin luonnollisia kulkuväyliä. Syksyisin ja keväisin heikot jäät tuottivat ongelmia. Saarissakin asuttiin. Niinpä Neroskulman alue ryhtyi oman kansakoulun hankintaan. Koivulan uudistalon Mustakannon asuinrakennuksen tiloja muutettiin koulukäyttöön sopiviksi.[36] Olosuhdeongelmien vuoksi perustettiin koulupiiriin uusi Neroskulman kansakoulu vuonna 1922. Alueen tiloja siirrettiin Padasjoen kuntaan muodostettuun Lieson kylään vuonna 1928.

Neroskulman koulu toimi ansiokkaana opinahjona lähes 50 vuotta. Koulun viimeinen kuusijuhla pidettiin 21.12.1968 ja viimeinen kokonainen lukukausi päättyi 14. päivänä kesäkuuta 1969.[37] Alaviitteessä mainittu kirja kertoo varsin antoisan seikkaperäisesti koulun yli 60-vuotisen historian oppilaineen ja muine henkilöineen kuvilla varustettuna.

---

[36] Laine. 2010. s. 14.

[37] Laine. 2010. s. 102.

Oppikouluun Hämeenlinnan lyseoon

Ei minusta talonpidon jatkajaa ohjattu, vaikka sellainen tapa oli ollut perinteenä. Isän ajatuksissa lienee ollut jokin ammatti maaseudun ihmisten parissa. Ehkäpä edeltäjäni Asplund ja Laiho vaikuttivat ajatuksiin. Lammilla ei vielä viime sotiemme aikaan valkolakkia voinut saada. Vaihtoa välttääkseen isä vei minut Hämeenlinnaan lyseon pääsykokeisiin 1. päivänä kesäkuuta 1946. Sain riittävät pisteet ja niin alkoi rippikoulunkin sisältänyt oppikoulu. Iltakursseilla hankin myös vähäiset pikakirjoitustaidot. Siitä oli selvästi hyötyä myöhemmin. Kahdeksan vuotta lyceekartanossa kului yhtä monen luokan kanssa. Alkuvuosina keräsin kesäisin 120 kasvia koululla arvosteltaviksi. Tein myös paljon lintu- ja sammakkohavaintoja. Peltopyitä oli kotipelloilla runsaasti. Talvella ne saattoivat yllättää pyrähtämällä kiepeistään. Biologian opettaja oli niistä kiinnostunut. Luin myös läksyjen ohella ja joskus tilallakin useita sekä ruotsinkielisiä että saksankielisiä kirjoja. Niinpä sain kielistä todella hyvät arvosanat. Matematiikkakin sujui Teknilliseen korkeakouluun vaaditun tasoisesti. Sain valkolakin keväällä 1954 vuonna 1888 valmistuneesta lyseosta.

Minulla oli hyvä kortteeri. Sen koulunkäynti vaati siihen aikaan. Hämeenlinnassa asui Mannersaaren Toivo leskenä Lempi-tyttärensä kanssa Idänpäässä kahden huoneen huoneistossa. Asuin koko kahdeksan vuotta heidän kanssaan. Puutalo oli vähän saunaa isompi. Topi oli mahtava saunoja. Hän pääsi pian eläkkeelle tielaitokselta. Lempi oli Skogsteria vastapäätä Koivumäen kangaskaupassa myyjänä. Joskus söin eväitä siellä takahuoneessa. Joskus kävelin Idänpäähän pari kilometriä, jos koulun ruokatunti sen salli. Isä tai äitikin kävivät joskus kaupungissa. Silloin poikettiin Backmanille syömään ja tavattiin tarjoilijana ollut serkkuni Kirsti. Koti-ikäväkin siinä valtasi ajatuksia silmiäkin kostuttaen. Kevät toi mahdollisuuden pyöräillä koulumatka.

Koulun loputtua tein pyörämatkan kotiin. Lähes tyhjä pieni kapsäkki pyörän tarakalle ja maantielle. Harvinaisia autoja piti varoa pehmeillä tienreunuksilla. Koko matka Tuuloksen ja Kuohijoen kautta kotiin oli soratietä. Asfaltista ei ollut tietoakaan. Öljysorasta jo vähän puhuttiin.

Kesätöitä ei tarvinnut hakea. Kotona niitä oli monipuolisesti. Satotöiden ohella pääsi uimaan ja marjaan sekä isän kanssa kalaan ja äidin kanssa aamuauringon noustessa ongelle Säynäjärvelle.

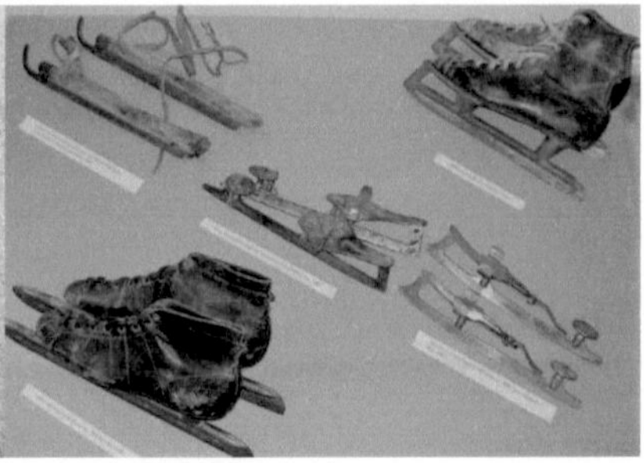

Kuva 69. Lyseon koulusalkku on vielä käytössä vähän pikilangalla parsittuna. Se odottaa lähtöä Lammille kirjani julkistamiseen. Oikealla monojen pohjaan kiinnitettävät skruuvarit ja hokkarit. Niitä käytin lyseon aikana. Kuvat:H.K.Lähde.

Kuva 70.Yllä olen katsomassa muistaakseni Hauholla ammuttua sutta ilmastoidulla jääkiekkostadionilla 1950-luvun alkupuolella. Luokkakuva vuodelta 1974? Takana Matti Suuronen toinen vasemmalta edessään Antti Paasikivi vierellään keskellä Pekka Harjula. Eturivin keskellä Markku Mannerkoski ja oikealla Heikki K. Lähde. Kuva: Omasta albumistani. Ottaja tuntematon.

Urheilutunneista muistuu mieleeni ”vanha urheilukenttä” lähellä nykyistä linja-autoasemaa. Ilman luisteluvälineitä oli kierrettävä kenttää aidan ulkopuolella. Saatuani aikanaan skruuvarit ja myöhemmin hokkarit ja jääpallomailan pääsin sisälle jäälle luistelemaan. Maila oli isäni tekemä kotimetsän pienestä puusta, jonka juuriosa oli sopivasti käyrä. Se herätti myös naureskelua. Mailoja oli jo kaupoissakin. Nyt koulukiusaamiseksi kutsuttu tilanne loppui lyhyeen, kun totesin, että minullapa on isän tekemä kestävä maila, jollaista teillä ei ole. Joukkuepeli pääsi alkamaan.

Lyseossa olivat luokkaystäviäni muun muassa Pekka Harjula, jonka isä vaikutti myös Porraskoskella. Pitkäaikainen opiskeluystävä ja kämppäkaverikin oli Matti Suuronen Lammilta. Hänet muistetaan arkkitehtinä suunnittelemastaan menestyksen polulle päässeestä pallotalosta. Sen tulevaisuus tuhoutui öljykriisin aiheuttamaan muovin hinnannousuun.

Kuva 71. Kouluystäväni MattiSuurosen suunnittelema pallotalo. Kuva:H.K.Lähde.

Korkeakoulusta maanmittariksi

Kesällä 1954 hakeuduin Teknillisen korkeakoulun maanmittausosaston karsintakursseille. Ne kestivät kuukauden. Tuon ajan asuin isän serkun 11-lapsisen joukon neljännen lapsen Anna Lundbergin kukkakauppa-asunnossa Helsingin Toukolassa. Kursseilla oli joka päivä uusia asioita luentoina matematiikasta ja fysiikasta. Kokeet olivat viikoittain. Päätteeksi jokainen jätti postikortin, joka lähetettiin hyväksytyille. Jännitystä riitti. Seurasin korttini tuloja ilmoitettuna aikana. Olin maalaamassa yksin Valkaman taloa. Postintuojan tultua hyppäsin päivittäin laatikolle ja lopulta siellä oli odotettu kortti. Minut oli hyväksytty. Lähdin heti kotiin iloisena. Isä ihmetteli, että mitäs sitä tähän aikaan töistä tullaan. Ilahtui kuitenkin, kun näytin ilouutisen.

Anoin lykkäystä, kun olin hakenut jo armeijaan siltä varalta, että ensi yritys Helsinkiin ei onnistuisi. Aloitin maanmittariopiskelun 1955. Opiskelukämpän onnistuin saamaan pariksi kuukaudeksi Tehtaankadulta. Pian pääsin siirtymään Pietarinkadulle. Pääsin toisen lammilaisen Matti Suurosen kanssa samaan isäntäväen asuinhuoneiston huoneeseen. Meitä oli kolme noin 25 neliön huoneessa. Kolmas nuorimies oli töissä päivät postissa ja yöt sanomalehdessä. Oli iltaisin muutaman tunnin kanssamme. Kesäkuukaudet kuluivat monissa harjoittelupaikoissa päämieheksi hyväksytyn apulaisena.

Opiskelijan ensimmäisenä vuonna on yleensä talkoohommia yhteisön hyväksi. Nyt niitä oli tavallista enemmän. Jämeräpartainen oli antanut ”Tempauskäskyn.” Oli mittava tempaustapahtuma. Saimme tupsulakit vaappuaamuna aikaisin odotettuamme niitä salissa pari tuntia hiljaa. Sitten pääsimme Ullanlinnalle. Osa meni hiihtäen. Yöllä oli satanut lunta.

Kuva 72. Ensimmäisenä harjoittelukesänä tein Veikon kanssa heinäkuormaa "piikkilangankiristäjän" eli Valmet kakskymppisen kiskottavaksi. Kuva: Omasta albumista.

Pulsan kesän jälkeen kului pari kesää Lahdessa kaupunkimittauksissa. Toiset pari kesää olin harjoittelijana Vihdin seudulla ja Porkkalassakin sekä koko kesä Tammisaaren, Tenholan, Hangon ja Bromarvin seuduilla.

Bromarvissa minulla oli joskus isän auto mukana. Päämiehellä ei sellaista ollut. Tilustiet olivat huonoja. Tie kulutti hevosenkenkiä. Naulojakin löytyi. Kerran oli paikattava auton rengas kolmasti saman päivän aikana. Rengasraudat ja kuumapaikkarasia puristimineen kuuluivat silloin auton vakiovarusteisiin. Etupyörä nosti käyrän, useimmiten hevosenkengästä irronneen naulan pystympään asentoon ja takakumi puhkesi.

Helsinki oli kaukana kotiseudustani. Joka kuukausi ei kotona käyntiä päässyt tekemään. Kotiherkku korvautui kotoisalla herkkupaketilla. Se oli äidin lähettämä paketti, joka sisälsi kodin lämmön kypsyttämää maukkautta. Oli isän pyytämä hauki, jonka äiti oli kypsentänyt voipaperiin käärittynä kosteassa sanomalehtikäärössä tuvan leivinuunin hiilloksella. Uunissa paistetut leivät ja rievä täydensivät paketin antia. Voi, miten taivaalliselta hauki maistui. Mieleen on tallentunut toistunut tunne, joka toivotti minut tervetulleeksi kotipihaan. Lauantai oli tuolloin saunapäivä ja lepopäivään valmistautumisen ajankohta. Kodin tuoksu tuntui jo pihaportilla.

Erikoinen aamupäivä oli myös lauantai maaliskuun 16. vuonna 1957. Puksuttavan veturin jälkeen ensimmäinen vaunu oli tyhjä. Edellispäivän kovalla pakkasella oli Kuurilan junaonnettomuudessa menehtynyt 26 henkilöä. Vuotta aikaisemmin helmikuun lopulla olin saanut kotoa paketin. Niin kuin ennenkin sisällä oli myös käsin kirjoitettu kirje. Yleensä siinä oli miellyttäviä asioita. Aina ei elämä kuitenkaan hymyillyt. Tuolla kertaa kirje alkoi sanoilla: " Murheelliset terveiset täältä kotoasi." Perheen esikoisena sain tiedon, että sisarusparven viimeiseksi jäänyt siskoni oli saanut kutsun taivaan kotiin vain runsaan viikon ikäisenä.

Kerran onnistuin juoksemaan junaa nopeammin. Olimme päivän metsäkursseilla Hyvinkään lähellä. Edelliskurssin ohjeiden mukaan olisi tullut jäädä paikallisjunasta päärataa edeltävällä asemalla ehtiäksemme pikajunaan. Teimme niin ja ehdimme Helsingin pikajunaan. Ohjeena oli myös, että "kyllä kaiken ehtii tenttiä, ennen kuin valmistuu." Niin kävikin.

Valmistuin diplomi-insinööriksi 1961. Sitä seurasi kahden vuoden auskultointi työtehtävissä. Asiakirjojen allekirjoitukset tuli ilmaista muodossa; "Päämieheni N.N. viran puolesta maanmittausauskultantti Heikki K. Lähde". Valtion virkaan tarvittava kielikoekin onnistui. Virkavala tuntui frakki päällä juhlalliselta maanmittaushallituksen tiloissa Kirkkokadulla. Kotikonnun eväitä täydensivät koulujen oppivuodet. Ne toimivat keinoja käyttöön keräten ja sovelluksia hioen elämässä käytettäviksi. Ne tuottivat tiedon ohella tarpeellisen muodollisen pätevyyden säädösten mukaisissa oikeuksissa vastuineen.

Muodollisuuksiin kuuluivat vielä avainruotsin kielikoe ja virkavala sekä myöhemmin myös tuomarinvala.

Kuva 73. Valtion virkaan välttämätön virkavala vannottiin maanmittaushallituksessa Kirkkokadulla Helsingissä laitoksen korkeimmalle johdolle. Kuvassa alla ensimmäinen itse kokonaan tekemäni lohkomisen kartta, jonka tietysti tein päämiehen silmälläpidon alaisena hänen tehdessään pöytäkirjan. Vieressä auskultointia seurannut määräys Vaasan lääniin. Siellä sain työalueekseni avainruotsinkieliset kunnat. Niissä oli pulaa lantmeetareista. Alue Sidebystä Himankaan tuli saaristoineen tutuksi.

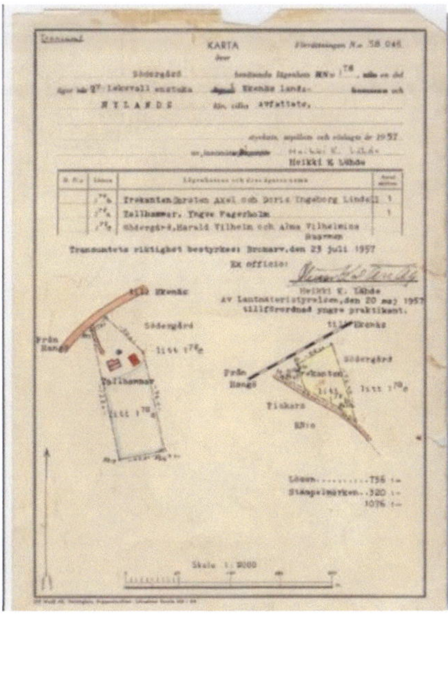

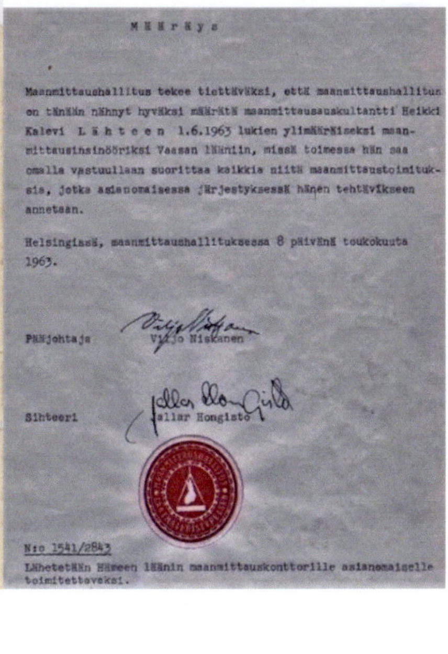

M ä ä r ä y s

Maanmittaushallitus tekee tiettäväksi, että maanmittaushallitus on tänään nähnyt hyväksi määrätä maanmittausauskultantti Heikki Kalevi L ä h t e e n 1.6.1963 lukien ylimääräiseksi maanmittausinsinööriksi Vaasan lääniin, missä toimessa hän saa omalla vastuullaan suorittaa kaikkia niitä maanmittaustoimituksia, jotka asianomaisessa järjestyksessä hänen tehtävikseen annetaan.

Helsingissä, maanmittaushallituksessa 8 päivänä toukokuuta 1963.

Pääjohtaja Viljo Niskanen

Sihteeri Hallar Hongisto

N:o 1541/2843
Lähetetään Hämeen läänin maanmittauskonttorille asianomaiselle toimitettavaksi.

Auskultantti sai suorittaa lähes kaikkia maanmittaustoimituksia, mutta joitakin arviointeja vain päämiehen hyväksyminä. Toimenpiteet allekirjoitettiin päämies senjasen viran puolesta. Aikaan kuului myös lyhyt toimintajakso niin maanmittaushallituksessa kuin läänin maanmittauskonttorissa.

Muu osa auskultointiajastani kului maantiemittauksissa kolmostiellä tekeillä olevan maamme pisimmän riippusillan eli Sääksmäen Uittamon sillan molemmin puolin. Sillan vihkiäiset käyttöön olivat 16.10.1963, joten työaikanani sen ohi pääsi kulkemaan vain Valkeakosken kautta. Reitti tuli tutuksi apumiesten vuoksi.

Vankileiri oli sillan eteläpuolella ja suurin osa mittaustyötä sillan pohjoispuolella. Hain joka aamu vangit autollani leiriltä ja vein päivän töiden päättyessä heidät takaisin leirille. Vartijat vaativat aluksi miesten vaihtamista viikoittain. Siihen en suostunut, koska perehdyttäminen mittausten erikoistöihin vei oman aikansa. Vartijat suostuivat asiaan, mutta kävivät epäsäännöllisesti katsomassa toimintaamme sillan pohjoispuolella. Tulin hyvin toimeen vankilan työystävieni kanssa. Tein heti aluksi selväksi heille, että minun tehtävänä oli vain mittaustyöt. Minulla ei ollut mitään yhteistyötä vartioiden kanssa. Vangit nauttivat silmälläpidon alaisella sorakuopalla olemiseen verrattuna vapaammasta työstä. Päivä sujui omien eväiden kanssa. Vankien rkv-raha eli Riihimäen keskusvankilan raha toimi vain leirin kanttiinissa. No tien metsäalueilla lähellä ei markallekaan ollut käyttöä, kun mitään myyntipaikkoja ei lähistöllä ollut.

Muistot tuosta kesästä ovat todella antoisan positiiviset. Vankien kanssa yhteistoiminta onnistui hyvin.

Kaksi vuosikymmentä Pohjanmaalla

Vuonna 1963 oli auskultointi takana ja oma ura edessä. Tavan mukaan nuori maanmittari aloitti uransa Lapissa, missä työtä oli runsaasti ja eteneminen tapahtui kohti etelää. Uskoin niin tapahtuvan kohdallanikin. Ilman neuvotteluja tuleva määräyskirje kertoi kuitenkin: ”Teidät määrätään Vaasan lääniin”. Siellä sain työpiirikseni ruotsinkielisen rannikon saaristoineen sekä Vöyrin piirin. Alue oli laaja: Vaasan läänin rannikon yli 30 kuntaa saaristoineen. Murteiden kirjo vaihteli. Varsin lähellä toisiaan olevat Närpiö ja Vöyri poikkesivat ruotsin murteidensa suhteen ainakin yhtä paljon kuin suomenkielisellä puolella Savo ja Rauma. Byrokratia synnytti joskus outoja tilanteita. Närpiö oli yksikielinen, mutta sen yhdessä kolkassa asui suomenkielisiä. Tulkkia ei siinä kuitenkaan vaadittu. Kokous käytiin suomenkielellä ja samalla kirjoitin pöytäkirjaa toisella kotimaisella eli sillä avainruotsilla.

Käsipäivää hymyillen ja katse syvälle silmiin

Hupsista. Näin alku valtiolla todella yllätti haasteillaan. Määräys töihin Pohjanmaalle merkitsi, että avainkielenä minulle hämäläispojalle oli ruotsi. Kotiseudun käsite jatkoi monipuolistumistaan. Ytimenä oli lapsuuskodin muodostama sydänosa. Elämä antoi taas mahdollisuuden varsin haasteelliseen toimintaan. Siihen piti tietysti tarttua ja tehdä parhaansa toisen virallisen kielen kotiseuduilla. Oli katsottava tulevaisuutta sokaistumatta avoimin silmin.

Urani oli vasta alussa. Tulos tuli tarmokkaalla työllä. Se ei ollut lukittuna vaan tolalla tekemisen takana. Korvaus siitä tuli muutaman vuoden kuluttua. Olin siis yksityisyrittäjä valtiolla valtion määrätessä työt. Onneksi vuorokausi oli omassa käytössä ilman kellokortin tahdistuksia. Se antoi mahdollisuuden kansalaisten tarvitsemien töiden kanssa uurastamiseen. Työtä riitti. Pankki auttoi lainallaan asunnon ja toimistotilan sekä työvälineiden ja kulkuneuvon hankkimisessa. Kenttätyöt tuli saada tehdyksi kesäiseen aikaan. Talvi oli sisätöiden aikaa.

Saaristoväen kanssa oli tosi miellyttävää tehdä työtä heidän hyväkseen. Elämä oli ollut kovaa ja työntäyteistä. Asukkailla oli erinomainen yhteistyön taito. Heillä oli joitakin perinteisiä yhteisötapahtumia, kuten lampaiden ja hevosten kuljettaminen saariin. He pyysivät hyvissä ajoin, voisiko maanmittari olla sinäjasinä päivänä muualla, kun koko kylä on yhdessä mukana tärkeää toimintaa toteuttamassa. No, tottakai olin.

Työalueellani oli myös kolme kuntaa vain lauttakuljetuksen takana. Raippaluotoon ei tuolloin siltaa ollut. Pari kertaa jäi työn jouston vuoksi ihmisten eduksi auto saareen. Oli hankittava venekyyti Vaasaan ja aamulla takaisin. Maksamaan laajan saaristoon pääsi maitse Hellnäsin salmen yli kiskomalla itse kapulalossi vaijerin avulla rannalta toiselle.

Toiminnassa auttoivat kotiseudun eväät. Oli tärkeää olla ystävä elämän kanssa alueen ihmisten elomuodossa. Olin suorittamassa heille tarpeellisia valtion vaatimia lainmukaisia toimenpiteitä. Tapasin heitä kutakin ensi kerran. Olivat hetken osittain outoja. Pyrin kuitenkin asiakirjoista ja virkatodistuksista katsomaan keitä tulin tapaamaan. Tiesin nimen ja iän sekä lapsetkin. Paikalle saapuessani sovittuna aikana sanoin kaikille käsipäivää hetken kädestä pitäen ja katsoen syvälle silmiin. Sven-pojalta saatoin kysyä jotakin kiinnostavaa. Tunsin hänet asiakirjojen perusteella.

Saatoin monesti todeta, miten tapahtuma oli avuksi koko asialle. En ollutkaan outojen ihmisten kanssa yhteistyössä. Olin myös heidän arkisen elämänsä ystävä, ja siksi olimme kaikki ystävinä yhdessä tekemässä kaikille tarpeellista tulosta. Oma merkityksensä oli myös sillä, että he olivat olleet pitkään varsin vajavaisen palvelun piirissä. Siksi lantmätare oli odotettu. Tuolla avainruotsin alueella oli myös se etu, että siellä ei sanottu se, vaan sanottiin han eller hon. Sama piiloilmiö esiintyy myös ihmisen puhuessa lemmikistään. Käytetään ilmaisua hän. Se kertoo ihmisen ja lemmikin suhteesta. Pidin joskus esitelmän valtakunnallisilla päivillä johtamisesta. Kuvasin, että johtajalle on eduksi kokemus oikein ymmärrettynä eläinystävän, lemmikkieläimen kanssa toimimisesta. En verrannut ihmisiä eläimiin. Oli kysymys yhteistoimintamuotojen liimautumisesta. Nykyään on joskus tullut mieleeni, että tuo paljon käytetty ”se tai ne” viestii nykyisestä kaupallistumisesta ja rahalla mittaamisesta monissa asioissa, joihin rahalla mittaaminen ei alkuunkaan sovi. ”Hän ja he” -ilmaisuja ei käytetä useinkaan rahaan liittyvässä viestinnässä. Niitä käytetään, kun on kyse ystävyyden asioista.

Aikapalkkaus tuli esteeksi lisätutkinnoille

Halusin saattaa loppuun myös lainopilliset opintoni. Suoritin Vaasassa muutamia peruskursseja asian auttamiseksi kenttätöistä ja helteistä huolimatta. Pääsin päiväksi tutustumaan paikallisen keskusvankilan muurien sisäiseen elämään ja hovioikeuden toimintaan kesäyliopiston kurssien puitteissa. Mielenkiintoisia paikkoja. Äitini yllättävä ikiuni ja pitkä Vaasa-Helsinki väli ansiotöiden ohella pakottivat lopulta luopumaan loppuosan aikomuksista. Maanmittarin tutkintohan sisälsi merkittäväsi myös lainopillisia asioita. Lopullinen este lisätutkinnolle tuli organisaation muutoksen myötä. Minulle tuli määräys vielä pohjoisemmaksi. Samalla työaika sidottiin aikasäädöksien ohjaamaan kelloon.

Maanmittauslaitos siirtyi kuukausipalkalle keväällä 1972. Olin ehtinyt paiskia urakkaluontoista työtä valtiolla jo yhdeksän vuotta. Minut määrättiin vastustuksestani huolimatta Kokkolaan. Sielläkin tarvittiin ruotsin avainkielen taitavia virkamiehiä. Toinenkin miellyttävä muisto jäi Kokkolan ajaltani. Tapasin Konsta Jylhän. Pyykitin hänelle vapaa-ajan asuntotontin Kaustisilla maaseudun rauhallisen pikkulammen rannalla.

Runsaan vuoden kuluttua sain taas uuden määräyksen. Pääsin hoitamaan sijaisena puolustusministeri ja kansanedustaja Veikko Pihlajamäen siviilivirkaa Alajärven piiri-insinöörinä. Olin leikillisesti sanottuna puolustusministerin viransijaisena. Kun harrastin freelancertoimittajana olemistakin, niin pääsin käymään myös puolustusministeriössä. Tein sivun jutun Ilkkaan ministeristä ja hänen työkentästään. Yhdeksän vuotta asuin Lapualla osittain myös koko maakuntaa koskevien harrastustoimintojeni vuoksi. Siellä asuntoyhtiön nimen mukainen osoite yllätti. Osoitteekseni tuli "Simpsiönkomia jotakin." Lapualla oli omatyylinen osoitejärjestelmä.

Lopulta 48-vuotiaana sain mahdollisuuden hakea omaa virkaa itselleni. Lahdessa tuli haettavaksi vastaava virka. Pääsin siihen lähelle kotiseutuani eläkevirkaa hoitamaan. Niin ajattelin, mutta taas kohtalo puuttui asiaan. Toiminta kentällä todellisissa maanmittaustehtävissä päättyi. Yli kaksi vuosikymmentä siinä meni.

Olin jatkanut hallinnollisten taitojeni lisäoppimista, ja kannustusten innoittamana päätin yrittää pääsyä läänitason uusien haasteiden maailmaan.

Kuva 74. Joskus tuli taivallettua laajoja lakeuksia uskottujen miesten kanssa, kuten kuva omasta albumistani muistaakseni Oravaisten Kimon laajoilla suoalueilla osoittaa.

Kuva 75. Sekä yrittäjänä valtiolla sekä kuukausipalkalla Kokkolassa ja Alajärvellä ollessani oli työnantajani Vaasan läänin maanmittauskonttori Vaasan Rantakadulla. Siellä toimin yrittäjäaikanani 2-3 kuukautta talviaikaan tarkastajan tehtävissä. Sain vähän suolarahaa. Vapaa-ajat ja illat tein omia töitä.Kuva:H.K.Lähde.

Maanmittauskonttorissa oli koko läänin maanmittausarkisto. Se antoi kovasti kokemuksia tutkiessani alueen isojakojen asiakirjoja uusia toimituksia varten. Yläkerrassa sijaitsi lääninninsinöörin huone. Sieltä Wäinö Aalto (sukua Alvarille) usein soitteli: ”Sinulla, kun on se nopea auto, niin ehtisitkö käydä siellä ja siellä tekemässä jotakin, kun niin kovasti kiirehtivät.” No ehdinhän minä. Lauantaitkin sopivat minulle hyvin.

Pohjanmaan parin vuosikymmenen ajalta jäi runsaasti miellyttäviä muistoja.

Yksi järkyttävä tapauskin sattui Lapualla asuessani. Ikävän, maamme raskaimman rauhanaikaisen onnettomuuden haluan tallentaa tähän varsin koskettavana tapahtumana. Muistan hyvin harjoitteluajaltani myös paikan Nastolan asevarikolla, missä elokuussa 1965 menehtyi neljä ihmistä räjähdysonnettomuus.

Kuva 76. Lapuan patruunatehdas keskellä Lapuaa räjähti 13. päivänä huhtikuuta vuonna 1976 kello 7,42 aiheuttaen 40 ihmisen menehtymisen ja 60 loukkaantumisen. Nyt alueella on myös pieni hiljainen "Pajakappeli", missä 40-haarainen kynttelikkö symboloi vuoden 1976 tapahtumaa. Kuvat: H.K.Lähde.

Onnettomuuden aika ei muistista häviä. Asuinpaikkani oli Lapualla. Olin Lapuan toimiston piiri-insinöörin kanssa Helsingissä laitoksen johdon kanssa koulutustilaisuudessa. Kun kuulimme asian radiosta, yritimme soittaa Lapualle. Hänellä oli perhe siellä lähellä ja minulla koti. Mutta langat tukkeentuivat puhelutulvasta. Onneksi muistin, että minulla on autopuhelin. Sillä pääsimme saamaan heti lisätietoa asiasta. Tuon radiopuhelimen olin hankkinut Kokkolassa ollessani. Siellä vuosina 1972-73 ei aamulla tilattu puhelu Vaasaan onnistunut edes pikavirkapuheluna ennen iltapäivää. Uskomatonta mutta totta. Tuolla autopuhelimella, jonka saatoin nostaa myös asuntoon, puhelun sai välittömästi.

Synkronirenkaana ja öljynä työyhteisössä

Monasti olen mietiskellyt matkaani tuossa elämänvirran myötäohjauksessa. Toimin lähes kymmenen vuotta yksityisyrittäjänä valtiolla. Runsaan vuoden olin hoitamassa apulaispiiri-insinöörin virkaa pääasiassa ruotsinkielisenä. Olin kuitenkin päällikön alainen. Kun minut siirrettiin Alajärvelle, toimin siellä päällikön sijaisena. Pihlajamäki oli täysin vapautettu tämän viran hoidosta. Olin kuitenkin sijainen. Kahden vuosikymmenen jälkeen saatoin ensi kertaa itse hakea omaa virkaa. Onnistuin saamaan sellaisen Lahdesta. Se onnistui Keski-Suomesta ja lopulta myös kotiläänistäni Hämeestä. Kaikissa oli omat haasteensa. Ne eivät johtuneet henkilökunnan kasvusta yli kymmenkertaiseksi verrattuna Alajärveen ja Lahteen. Olinko muutosjohtaja, niin kuin nykyään sanottaisiin. Elimme silloinkin muuttuvassa maanmittauslaitoksessa. Joissakin oli ilmeisesti tarpeen toimintaan liittyvä rakenteellinen asia, joissakin taas kertakäyttöinen merkittävä uusiutumista vaativa tilanne.

Yhteisön johtajalla oli virkanimike. Se kuului organisaatiobyrokratiaan. Sellaisena tunsin itseni lähinnä toimeenpanevaksi toiminnanohjaajaksi. Käytännössä halusin ja tunsin olevani taitavien ihmisten joukoissa yksi jäsen. Pääosuuteni kokonaisuudessa oli huolehtia, että kaikki tiesivät kokonaistehtävän ja siinä oman osuutensa ja että jokaisella oli mahdollisuus toimia tarpeellisin välinein ja tarpeellisin tiedoin omalla sarallaan kokonaistuloksen saavuttamiseksi. Oli tärkeää, että ihmiset tulivat iloisina ja hyvillä mielin työpaikalle. Olin kuin auton vaihdelaatikon synkronirengas ja hyvä öljy, jotka mahdollistaisivat vaihteiston joustavasti mukautuvan ja tarpeellisen toiminnan uusiutuvissa olosuhteissa.

Haasteita näytti riittävän. Olimme Alajärvellä sopineet vastuun merkityksestä jokaisen omassa työssä. Sovimme, että pyrimme lähettämään hyvin tehdyn toimituksen asiakirjat sidottuina kuin arkistoon otettaviksi ja samalla tietysti rekisteröintiä varten. Se oli sujuvaa ja säästi edestakaista postittamista. Lahdessa oli kysymys rakenteellisiin ja osittain laadullisiinkin asioihin liittyvistä haasteista. Keski-Suomeen siirtyessäni ilmeni, että virasto tarvitsee vanhan puurakennuksen riutuessa uudet toimintatilat. Se liittyi paikallisen rakennusviraston ohella rakennushallituksen toimintaan eli läänissä maaherran yhteistyöryhmän asioihin. Rakennusvirastossa urkeni sopiva tilaisuus. Päätimme ryhtyä asiaa edistämään. Päävirasto Helsingissä yritti ottaa esille byrokraattisen viisivuotissuunnittelun. Kamppailun jälkeen asia eteni paikallisten mahdollisuuksien mukaan. En tosin ehtinyt nähdä tulosta ihan valmiina, mutta pian Hämeeseen muutettuani pääsin käymään Keski-Suomen uuden virastotalon avajaisissa.

Hämeessä oli myös edessä uusi haaste. Koko läänin maarekisteri oli siirrettävä tallentamalla tietokonepohjaiseksi. Se saattoi merkitä lähes sataa työvuotta hiukan yli sadan ihmisen työyhteisössä. Mitään lisähenkilökuntaa tai lisäkorvauksia täysin uudenlaisesta tehtävästä ei ollut saatavissa. Monien keskustelujen jälkeen syntyi yhteisymmärrys. Sopiva määrä ilmoittautui haluavansa ryhtyä haastavan uuden tehtävän toteuttajiksi. Heillä oli huomattava määrä sitä voimallista tahtoa, josta kirjailijamme Aleksis Kivi on todennut, että se vie vaikka läpi harmaan kiven.

Tehtävä toteutui suunnitelmien mukaan. Aikaansaamisen tahdonvoiman omaa henkilökunta onnistui tässäkin tehtävässä. Lääni pääsi siirtymään tietokonepohjaisen kiinteistörekisterin käyttöön sovitun tavoitteen mukaisesti. Itse oli kuitenkin jo vuoden verran ollut poissa valtion tehtävistä. Oli kuitenkin miellyttävää saada kutsu kahvitilaisuuteen vaativan tehtävän toteuttajien kanssa.

Tulos osoitti, että ihmisillä on taito saada aikaan erinomaisia tuloksia kannustavasti joustavassa työyhteisössä. Ryhmä sai itse päättää työskentelystään ja paneutua vain tallennustyöhön omissa oloissaan. He tiesivät tarvittavan tuloksen. Oman aikaisemman maarekisterikirjoihin liittyvän kokemuksen ja tietämyksen perusteella heillä oli ymmärrys siitä, mitä he olivat tekemässä. Yhdessä he aikaansaivat enemmän kuin yksilöinä toimien.

Noilla ajatuksilla kului yhdeksäntoista vuotta neljässä miellyttävässä työyhteisössä.

Lapualta Lahden kautta läänitason vastuuksiin

Kuva 77. Lahden piiri-insinöörin työhuone oli nimen takainen kulmahuone ikkunoiden ollessa kuvan vasemmalla sivulla. Kuva: H.K.Lähde

Hämeessä oli 1980-luvulla neljä maanmittaustoimistoa. Lahti oli viimeisin, missä avautui paikka uuden polven piiri-insinöörille. Tottakai laitoin paperit vetämään ensimmäistä kertaa päästäkseni omaan virkaani. Se onnistui. Seurasi muutto Lahteen 1.12.1982. Pääsy Hämeeseen tuotti tyytyväisyyttä. Olin ollut 1950-luvulla Lahdessa yhden kesän maanmittarin kenttätöissä ja toisen kesän kaupungin erilaisissa mittaustehtävissä. Tehtävä oli haastava maanmittauslaitoksen johdon halutessa muutosta toimiston toimintaan. Tosin pienen toimiston piiri-insinööri ehti myös runsasaikaisesti kenttämaanmittarin töihin. Odotin ja valmistelin kenttäkauden toimintaa. Olinhan uusin tulokas kotiläänin kollegojen joukkoon. Mutta elinkaareni tolalla tapahtuneet johdatukset jatkuivat.

Uuden kesän alkaessa eteen tuli taas tienhaara. Jollakin taholla toivottiin minunkin nimeni löytyvän auki julistetun Keski-Suomen läänin lääninmaanmittausinsinöörin viran hakijoiden joukossa. Olipa se haaste mietittäväksi. Alue oli uusi ja mittava. Siellä odottaisivat täysin uudet tehtävät koko läänin henkilökunnan toimintaedellytysten ja tulosten aikaansaamisen vastuutehtävissä ja lisäksi pari kuukautta vaativa jäsenyys Pohjois-Suomen maaoikeudessa oman läänin alueella. Kyllä siinä useita päiviä kului takaraivon askarrellessa taas uusien haasteiden parissa, mutta työaika tuli kuitenkin tietysti kohdistaa ajankohtaisten tehtävien hoitoon.

Haaste kehitti tunteen kokeilla siipien kantavuutta läänitason henkilökunnan kanssa toimiessani niin, että heillä on taito ja riittävät resurssit toimia ja selvitä hyvin kansalaisten tarvitsemien toimintojen nopeassa suorittamisessa. Tuntui, kuin minua taas ohjattaisiin kuin myötätuulen viemänä. Laadin hakemuksen toivoen, että minut huomioitaisiin Keski-Suomen lääninmaanmittausinsinöörin avoimeksi tullutta virkaa täytettäessä. Onnistumisethan ovat portaiden päässä eivätkä lukittujen seinien sisällä. Näin ennen määräajan päättymistä paperini lopulta löytyivät useiden muiden hakijoiden asiakirjojen joukosta. Tulevaisuudessa saattoi olla mahdollista päästä kotilääniin saman tyyppiseen tehtävään.

Loppukesällä syntyi ratkaisu. Minut oli valtioneuvosto valinnut ja nimittänyt avoinna olleeseen virkaan syyskuun alusta lukien. Samalla siihen liittyi jäsenyys Pohjois-Suomen maaoikeudessa. Virka-ajan alussa ilmeni tehtävässä uusia ulottuvuuksia haasteiden joukossa. Tehtäviin kuului myös mukanaolo läänin maaherran esikunnassa oman hallintoni edustajana maaherran päätettävissä asioissa. Toinen määräaikainen haaste oli saada aikaan maanmittausvirastolle uusi toimitalo Jyväskylään. Se merkitsi yhteistyötä rakennusviraston ja valtakunnan budjettiin vaikuttavien viranomaisten kanssa. Muutaman vuoden kuluttua tämäkin päämäärä alkoi kirkastua. Uusi talo valmistui, mutta en ollut silloin enää Jyväskylässä.

KeskiSuomen lääni tuli parin vuoden aikana sopivan tutuksi. Toiminta tuntui sujuvan kohti esille tulleita tavoitteita.

Kuva 78. Yllä kahvitilaisuus kunnioittamieni edeltäjien kanssa. Toinen miellyttävä muisto on alla päivältä 9.11.1984. Puolustusministeri Veikko Pihlajamäki ja maanmittaushallituksen pääjohtaja Lauri Kantee yllättivät minut täydellisesti saapumalla kahvitilaisuuteni. Päivän mittaan olivat käyneet myös hämeenlinnalaiset oikein linja-autolla sekä Alajärven ja Keski-Suomen edustajat monien muiden ohella. Kuvassa Soile, Heikki Kalevi, puolustusministeri Pihlajamäki ja pääjohtaja Kantee. Kuva: H.K.Lähde.

Kuva 79. Keski-Suomen läänin uusi maanmittausvirasto. Kuva:H.K.Lähde.

Vajaan kolmen vuoden kuluttua kytemässä ollut tavoite leimahti kotiseudun kaipuun lumossa. Lääninmaanmittausinsinöörin virka Hämeessä avautui. Laitoin paperit vetämään, kuten monet muutkin tekivät. Toiveeni täyttyi. Sitä odottaen olin säilyttänyt myös Lahden miellyttävän asuntoni, vaikka virka Jyväskylässä vaati myös asunnon siellä. Valtioneuvosto nimitti minut uuteen virkaan Hämeen läänissä 1.8.1985 lähtien.

Keski-Suomen läänin maanmittauskonttorin työystävät muisti ystäväänsä oikein riimitellyllä kunniataululla. Heidän kanssaan oli ilo työskennellä. He nauttivat myös työstään ja työyhteisöstään. Oikeastaan voisin sanoa, että he olivat töihin tullessaan iloisempia kuin lähtiessään. Minusta se viesti siitä, että heillä oli itse kullakin oman elämänsä hallinta hyvällä tolalla.

Seuraavassa on heidän eväänsä naapurilääniin siirtyvälle työystävälleen riimittelyn muotoisena. Se on tehty heinäkuussa vuonna 1985.

Ois mekin Heikki hyvänä pidetty,
viihdytelty vierellämme,
kahvipullat pyöritelty,
vaik` ois autokin vahattu,
tarkasteltu toimitukset,
tallennettu tuutin täyden,
tehty työmme tasasesti,
kiirehtäissäs kiivaamminkin.
Vaan Heikki haasteita hakevi,

Keski-Suomi kaiketikin,
kepulisti karriäärin
kohottaisi korkeuksiin.
Hämehestä haaste löytyi,
läänistä niin laadukkaasta.
Siellä viljalti väkeä,
kaupunkeja kamalasti,
pitäjiä paljoltikin.

Nyt kun häivyt Hämeesehen
piteä sinun pitävi,
pää tarkkana faneja mieli,
aina ankara ajatus,
ymmärrys ylen tasainen
noissa uusissa oloissa
uuden joukon johdannassa.
Lähet nyt tästä kuin lähetkin.
Kaunis kiitos käynnistäsi.
Kohentelit konttoria,
tukistelit toimistoita,
työskentelit taitavasti
jämeränä johtajana.

Lähet nyt tästä kuin lähetkin,
tästä pienestä pesästä
alle kuulun kurkihirren,
hitahitten heimoin huomaan.
Mi on nyt miehiä lähellä,
ne kaikki lakit käessä,
mi on akkoja lähellä,
ne kaikki käsi posella,
tyttäret vesissä silmin,
melkein maassa polvillansa
länttäriä lähettämässä,
esimiestä evästämässä.

Olkoon onni ollaksesi,
hyvä mieli miekkosella
noissa uusissa oloissa,
uuden joukon johdannassa.

Kolmen vuosikymmentä maanmittarina

TIDNINGEN N:o 50 — 1985 — 57

Valtioneuvosto on **2.5.1985** suorittanut seuraavat nimitykset:

Lääninmaanmittausinsinööri Heikki Kalevi LÄHDE Hämeen läänin maanmittauskonttorin lääninmaanmittausinsinöörin virkaan 1.8.1985 lukien. (MMM hallitusneuvos Havu -3322)

Virkatuoli oli Hämeenlinnassa. Tähänkin kuuluivat sivutehtävät lääninhallinnossa ja tällä kertaa Etelä-Suomen maaoikeuden jäsenenä Hämeen läänin alueella. Näin ura jatkui kuusi vuotta kotilääninini Hämeen läänin oman alani vastuuhenkilönä. Vastuullani oli huolenpito siitä, että läänissä alan henkilökunnalla oli sopivat ja riittävät eväät hallinnolta sekä taidot kansalaisten tarvitsemien tulosten aikaansaamiseen. Pari kuukautta vuodessa kului maaoikeuden istunnoissa ja katselmuksissa, jotka aina suoritettiin käsiteltävänä olevan asian tapahtumapaikalla. Yksi istunto taisi olla Lieson kylässäkin. Näissä läänikohtaisissa pääsin tapaamaan edelleen maaseudun ihmisiä maanmittaustehtävien yhteydessä.

Jäähyväiset virkauralleni maanmittauslaitoksessa

Viisi vuotta vierähti Hämeessä haasteiden parissa. Yllättäen edessä olivat organisaation muutoksen myötä siirtyminen pois virkapoluilta. Oli vietettävä työystävieni kanssa läksiäiset ja samalla maanmittauskonttorin lopettajaiset. Viraston nimi oli syyskuun alusta alkaen toinen. Alkoi todennäköisesti maailman lyhin organisaatiouudistus. Uusi ja parempi astui voimaan jo seuraavan vuoden alussa. Maanmittauslaitos oli muiden tapaan organisaationuudistamisen alaisena. Niinpä kesällä vuonna 1991 valtioneuvosto vähän yllättäen päätti lääniä suurempien alueiden sijaan lähes viisinkertaistaa kenttäjohtajien määrän. Lääninmaanmittausinsinöörien virat lakkautettiin 30.8.1991 lähtien. Meistä viisi vanhinta lääninmaanmittausinsinööriä sai lähteä omiin tehtäviin ja saman verran nuorempia määrättiin muihin virkoihin. Organisaatio jäi varsin lyhyeksi.

Minä olin vanhimpia ja jouduin/pääsin pois työelämästä valtiolla. Koko virka-aikani on ollut eri tavoilla antoisaa ja muodostanut merkittävän osa-alueen kokonaisuuteen. Lisäjäsenyys Hämeen lääninoikeudessa metsäasioissa säilyi muutaman vuoden erillisenä tehtävänä.

Yli 30 vuotta kestänyt kausi maanmittausalalla päättyi vähän yllättäen. Johdatusta uusiin haasteisiin oli oikeastaan sekin. Uusi ura urkeni sukujen ja kotiseudun tutkimustyössä. Koko työaikaani ohjasi tuntemus maaseudun ihmisten elomuodoista. Virkatuoleja kertyi aikanaan useita. Paikkakuntina olivat Helsinki, Hämeenlinna, Vaasa, Kokkola, Lapua, Alajärvi, Lahti, Jyväskylä ja lopulta Hämeenlinna uudelleen. Olin saanut kulkea työn perässä kaikkiaan noin 340 entisajan kunnan alueella. Opiskeluajan kesäharjoittelut mukaan lukien pääsin kulkemaan maanmittausalan työn kaikkiaan neljässä läänissä. Opiskeluajan ensimmäinen harjoittelukesä tutustutti lisäksi lähemmin maaseudun maatalouden toimintaan. Sain olla Isokulman kotikontuni naapurin isännän veljen maatilalla Lappeenrannan lähellä Pulsassa. Tutustuin lypsykoneen käyttöön. Sellaista ei kotonani vielä tuolloin ollut. Uutta oli myös yleispiirteinen kirjanpitoluonteinen selvittely talon hankinnoista ja tuotteista kunkin kesäkuukauden aikana. Selonteko oli toimitettava Helsinkiin kuukausittain.

Pääviran lakkauttamisen myötä päättyi myös yhteensä kahdeksan vuotta kestänyt toimintani aluksi Pohjois-Suomen ja Hämeen viran aikana Etelä-Suomen maaoikeuden jäsenenä.

Kuva 80. Hämeen läänin lääninmaanmittauskonttorin viimeinen työpäiväoli historiallinen. Seuraava aamu avasi ehkä maailman lyhimmän organisaatiomuodon elinkaaren. Kuva: Erkki Veriö.

Kuva 81.Viimeisen virkapäiväni päätteeksi minut soudettiin vanhalla tervapaatilla tänne kaupungin ehkä noin tuhat vuotta vanhalle paikalle, jossa nyt oli pieni hotelli. Vietin ihanan "läksiäisillan" työystävieni kanssa. Kuva hotellista kohti keskikaupunkia:H.K.Lähde.

Hämeenlinna elämäni monitoimipiste

Valtioneuvoston päätöksellä pääsin siirtymään Keski-Suomen vastaavasta virasta kotiseudulle Hämeen lääniin töihin. Se muutos oli iloinen. Toisenlainen oli tunne astellessani 31.08.1991 viimeisen kerran pois vapaalle virastani lääninmaanmittausinsinöörinä ja maaoikeuden jäsenenä työystävieni kunniakujaa myöten. Työystävien iloisuus viesti yksikön hyvästä toimintailmapiiristä. Päivä oli samalla Hämeen läänin maanmittauskonttorin viimeinen toimintapäivänä. Se jatkoi toimintaa neljän kuukauden ajan toisella nimellä. Epäonnistunut organisaatiomuoto korvattiin isommilla yksiköillä niin kuin me lääninmaanmittausinsinöörit olimme esittäneet. Nykyään maanmittauslaitoksen toimintamuoto on peräti yksiportainen.

Kuva 82.Elämäni ensi henkäisyt tapahtuivat Höyhensaarella Rauhankatu kolmosessa. Ensi askeleet maanmittarina auskultantin oikeuksin tapahtuivat torin laidalla ylimmässä kerroksessa. Täysin oikeuksin toiminta alkoi vasta Vaasassa. Kuvat:H.K.Lähde.

Hämeenlinnaan on liittynyt etukäteen uskomattoman monipuolisia jaksoja elämäni aikana. Synnyin Hämeenlinnan Höyhensaarella. Lyseossa suoritin oppikoulun. Linnankasarmilla aloitin varusmiehenä. Ensimmäiset virkapäivät maanmittausauskultanttina olivat torin varrella sen länsipuolella yhdeksännessä kerroksessa Hämeenlinnan maanmittaustoimistossa. Auskultointiaikaan sisältyi myös muutama kuukausi Hämeen läänin maanmittauskonttorissa ja maanmittaushallituksessa Helsingissä Kirkkokadulla ennen lopullista valmistumista maanmittausinsinöörin tehtäviin. Se siirsi minut Vaasan läänin ruotsinkieliselle alueelle. Hämeenlinnassa työurani myös päättyi. Niin ja kotipitäjäni Lammi on nyt osana Hämeenlinnaa.

Toimintani alkoi kolmihenkisen yksityisyrityksen puitteissa Vaasassa. Alajärvellä oli jo lähes 20 työystävää. Hämeessä työystävieni määrä nousi jo kolmannelle sadalle. Omaa toimintaani yksiköiden vastuuhenkilönä ohjasi kaikkien tietoisuus kansalaisten meiltä tarvitsevista palveluista ja taito toimia sen hyväksi omalla sarallaan kokonaisuuden kenttä huomioiden. Meitä jokaista tarvittiin toisiamme täydentävänä yhteisön jäsenenä. Muuttuvassa elämässä elinikäinen taitojen ja tekniikan kehittäminen oli merkityksellistä. Yhteisölle ei voi antaa enempää kuin itsellä on. Kiireen kesyttäminen toimintaan oli tuhoisaa niin ihmiselle kuin tuloksellekin. Hälinän hyörinä on toinen toimintaa haittaava tekijä. Rauhallisuus rakentaa helposti yhteistä tarvittavaa tulosta. Iloisuus aamusta alkaen on terveellistä kaikille.

Tuossapa tuli tuo ura johdatellulla tolalla kerrottua. Se johti kotiseudun sukujen ja talojen sekä olojen tutkimiseen täysipäiväisesti.

Aura kotiseutukytkennän kuvaajana

Auralla on sija elämässäni. Se kytkee minut syvästi kotiseudun maaperään nykyisellä sijainnillaankin kaupunkiasunnon kotipihassa. Edellä olevan kuvan tapaisella auralla olen harjoitellut kyntämistä Hely-hevosen vetämänä. Hevonen toimi vähän opettajanakin. Hevosen voimalla kulkivat muokkaus- ja kylvö- sekä sadonkorjuuvälineetkin. Meidän tarvitsemamme ravintohan on kokonaisuudessaan ollut ja on edelleen peräisin maaseudun mullasta. Hely toimi avustajanani siirtyessäni opintielle kansakouluun ja Hämeenlinnan lyseoon. Talvipakkasilla isä tuli joskus pikkuista koulupoikaa vastaan. Hely vei minut toisinaan talvisen maanantain aamuna tiettömän taipaleen takaa linja-autolle Lieson asumakylään ja palasi yksin tuttua tietä takaisin kotipihaan.

Maatalouden lähes kaikki toiminnot muuttuivat oleellisesti viime sodan jälkeisinä vuosikymmeninä. 1970-luvulla maaseudun väestö oli jo kaupunkiväestöä vähäisempi. Lapsuuden ja nuoruuden ajan toiminnot ovat melkoisesti muuttuneet ja siirtyneet perinteiden historiaksi. Samalla kun niiden omakohtaisesti sisäistetty merkitys vähenee oleellisesti, ne muuttuvat vain tapoina ja tottumuksina nähtäviksi ja koettaviksi vailla sen syvällisempää ulottuvuutta. Siksi perinteitä olisi hyvä siirtää uusille sukupolville.

Olen saanut kasvaa ja varttua 3290 gramman ja 52 cm:n kokoisesta Höyhensaarella syntyneestä pienokaisesta lähes rippikoulupojaksi maaseudun monesti mullantuoksuisessa ilmapiirissä ja lähellä metsäisen luonnon antimia. Kotieläinten kirjokin oli lapsuudessani varsin monilajinen. Oli karjaa, kanoja, kissoja ja koiria sekä kaneja ja kalkkunoitakin. Silloin sain ajan tavan mukaan pienestä pitäen taapertaen olla mukana arjen toiminnoissa.

Isä teki pikku tuokkosen ja pärekopan pellolle ja tielle pudonneiden tähkien talteen keräämiseksi, ja pelonpientareilla kypsyneiden mansikoiden poimimiseksi. Pellon pientareilta heinään kerätyt metsämansikat makuineen ovat pieniä muistojen aarteita. Lypsytarhakin kutsui muutaman vuoden ikäisenä varjelemaan lehmiä häiritseviltä paarmoilta ja purevilta kärpäsiltä.

Lukemista opittiin ääneen tavaamalla ja lukemalla jo ennen koulua. Ei ollut juuri muuta ajankulua kuin monenlainen askarointi arjen oloissa. Akku ei radiossa kauan kestänyt, jos sellaista ihmettä edes aivan lapsuudessani oli. Lapsuus loi maailmankuvaa pienestä pitäen. Lukutaito auttoi asiassa, mutta kuva kehittyi monesti oman pään ajattelun kautta ja kysymyksiä synnyttäen. Ennenvanhan ihmisten elomuoto avautui. Omavaraistalouden muutti vasta traktori lisälaitteineen ja leikkuupuimuri. Esivanhempiemme tietoisuus maailmanmenosta oli ilmeisesti kuitenkin toisenlainen.

Oman aikani lapsuudessa maaseudulla ei oikeastaan kurjuutta ollut. Oli paremminkin köyhyyttä. Työtä riitti ja puurtamista. Elämää katsottiin avoimin silmin. Elämän evääksi kehittyi ihmisiksi eläminen. Siihen liittyi oikean ja väärän erottaminen toisistaan.

Opiskeluaikanani sain vielä olla mukana maataloustöissä muun muassa Pulsassa Valkaman Veikon maatilalla. Virka-aikanani tehtävät veivät lähes 3000 perheen kotioloihin. Sain olla maaseudulla ihmisten parissa heidän luonnollisissa oloissaan heidän tarvitsemiensa valtion palveluiden toimittajana. Kotikontu seurasi mukana paikkoineen ja ihmisten tekemisineen.

Liikuin ihmisten keskuudessa. Minut johdateltiin usein oikeaan aikaan oikeaan paikkaan. Koulut olivat antaneet perustietoa toimintaan. Tulostietoisuus opetti. Määräys uusiin töihin ei hirvittänyt. Oli tehtävä ihmisten kanssa töitä. Piti ymmärtää, mitä ihmiset sanoivat ja piti katsoa kauas ja laveallekin ja erottaa pienet asiat toisistaan. Kun katselee kuin tuulilasista ulos, ei tule kolareita. Miten tehdään mitäkin, ja mitä sen jälkeen. Se oli yksinäisen ajattelijan työtä. Nyt se on nostalgian tunnelmallisuutta. Se on tallentunut selkäytimiin moniaistisen järjestelmän havaintojen tallentamia isovanhempien ja lastenlasten keskustelua varten. ”Niin vaari kertoi.”

Lennellessäni yksin lainatulla lentokoneella aurinkoisella ilmalla Pohjanmaalla opin seuraamaan ympäristöä ja olosuhteita ympärilläni. Koneella oli laskeuduttava yksin ja sopivaan paikkaan oikealla tavalla. Maiseman moninaisuudesta oli havaittava sopiva tila tehtävän onnistumiseksi.

Harrastukset kansainvälistyivät

Nuorison vapaa-ajan leikkeihin ja harrastuksiin liittyivät mäenlaskut, hulluhevoset, potkupallo ja neljä maalia sekä vastalyönnit. Muistivihot saattavat sisältää antoisia muistoja kouluajalta. 1950-luvulla oli jo toisenlaista puuhailua. Polkupyörä tuli kuvaan. Meno muuttui vauhdikkaammaksi. Kelkkamäet vetivät puoleensa mahakelkkoineen ja potkukelkkoineen. Jalkarauta antoi vauhtia ja hiihtohousut lisäsivät hiihtointoa. Seuraavilla vuosikymmenillä alkoi tulla jo erilaisia hittituotteita. Tuli jojopallo ja vähitellen myös rannekellot ja commodore-tietokoneet. Tekniikan tuotteet alkoivat yleistyä.

Kuva 83.Kuvakavalkadi kertoo: Ylärivissä karavaanari n:o 639:n matkakalustoa. Keihäsen koneillakin tuli lennettyä joskus. Ahveniston 25-vuotisjuhlatapahtumassa olin kutsuvieraana. Olin ollut kilpailijana avajaisissa. Kuvat kansiostani.

Kuva 84. Vasemmalla juoksin Seinäjoella eniten rahaa urheilulle kunniakierroksella. Keskellä ystäväni Maunon kanssa 30 parhaan joukkoon yli tuhannen osanottajan SUOMI-liikenneajoissa. Oikealla Vaasan läänin jääratamestarin auto. SM-Taitoajossa saavutin 5. tilan. Kuvat omista albuneistani.

Ihmisten auttaminen kiinnosti työn ohella muutoinkin. Yksi tapa oli verenluovutus. Sen aloitin jo selvästi ennen keski-ikää. Muistikuvani ei kerro, miten se alkoi. Joskus huomasin olevani ahkerasti mukana asiassa. Pussillisia Punaisen Ristin veripalvelun tarpeisiin kertyi paria vaille kaksisataa. Harrastus päättyi iän ongelmien myötä. Suomen verenluovutus on suosion saanutta vapaaehtoista toimintaa. Luovuttajille ei ole maksettu mitään. Vapaaehtoisuus kuuluu niihin toimiin, joita ei voi rahalla mitata. Kun mittari on väärä, ei tuloskaan voi olla oikea.

Riimittelin siitä viime syksynä seuraavia säkeitä:

Puolenpidosta huolenpitoon

Oli nuoruudessani huolenpitoa.
Nyt sen tilalla on puolenpitoa
Oli talkootoimintaa, naapuriapua.
Nyt ahneus palvelee omaa etua.

Moni kohtelu tuntuu kielteiseltä.
Ei koe sitä monikaan mieleisenä.
Miksi etua hankitaan tuhoamalla
ja vain vihaa toiselle uhoamalla.

Se on hyvä uutinen medialle,
mut´ huono viestinä ihmiselle.
Se päästää helposti julkisuuteen
ja virittää mieltä tuhoon uuteen

Jos kateus olisikin myönteinen,
olisiko saavutus toisenlainen.
Kun apua toiselle toimittaisin,
niin mitä minä silloin itse saisin.

Toimin myös monilla tavoin erilaisten urheilulajien parissa. Harrastin tiedottamista urheiluista. Viiden vuosikymmenen aikana tein noin 3500 juttua eri sanomalehtiin. Olin Svul:n Etelä-Pohjanmaan piirissä parissa valiokunnassa sekä johtokunnan varajäsenenä. Sain toiminnastani hopeisen ansiomerkin ministerin myöntämänä.

Autourheiluun osallistui itse liikenneajoista jäärätä-ajoihin. Ne kehittivät liikenteen taitoja. Olin TV:ssä Pajusen liikenneohjelmassakin mukana. Tuo tiedotusharrastus nosti vastuun valtakunnan tasolle asti. Se johti sekä Suomen autourheiluliiton että Autourheilun kansallisen keskusliiton johtotasolla mukana olemiseen. Se johti myös moniin matkoihini niin MM-rallien ja F1-kilpailujen lehdistöön juttuja Suomeen toimittamaan.

Autourheiluun liittyvät harrastukset johtivat PRESS-lisenssin ansiosta muutamiin mielenkiitoisiin tapaamisiin. Yksi oli Kenian varapresidentti Daniel Arab Moin tapaaminen, mutta ilman ”Moi lahtelaista” paitaa. Myös Monacon ruhtinaan pienelle piha-alueelle pääsi rallin suomalaisvoittajien palkinnonjakoja seuraamaan. Mielenkiintoinen oli myös Floridan matka Joulumaa-Tarvajärven kämppäkaverina. Kateuden kaatama hanke avautui täydellisesti.

Ensimmäisen lomamatkan tein vasta lähes 38-vuotiaana Kokkolassa ollessani saatuani yrittäjätoimintani loppuun. Pari ulkomaanmatkaa nousee ylitse kaikkien muiden. Toinen oli ILKKA-lehden jutuntekijänä kahden viikon matka Israeliin Vapahtajamme jalanjäljille. Sain tehdä sen ryhmässä, jonka ohjaaja ja asiantuntija oli vähän myöhemmin piispaksi valittu Jorma Laulaja. Matkan ansiokkaana oppaana toimi Heprealaisessa Yliopistossa Jerusalemissa arkeologiaa opiskellut ja Israelin Museoviraston palveluksessa työskennellyt Ariel Livson. Molemmat olivat taitavia asiansa esittäjiä. Itse toimin matkalla sanomalehti ILKAN freelancer-toimittajana ja tein tästäkin kaksi viikkoa kestäneestä ”Vapahtajan jalanjäljillä”- matkasta matkakertomuksia.

Toinen liittyi maatalousystävyyteen. Olin mukana valtioneuvos Johannes Virolaisen johtamilla maatalouteen tutustumismatkoilla sekä Malesiassa että Keniassa. Ikimuistoisen antoisia nämäkin. Kaikki matkani yli 80 eri maahan ovat olleet antoisia ja maailmankatsomuksia avartavia. Mittaria niiden keskenään vertaamiseksi ei löydy.

Kaikkiin ilmansuuntiin yli 80 maahan

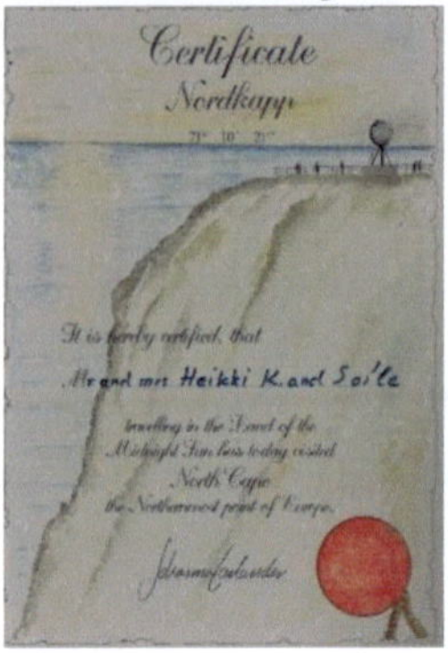

Kuva 85. Matka maitse pohjoisimpaan maamme kolkkaan Nordcapiin tapahtui asuntovaunulla. Japanissa ja "Hyvän toivon paikalla" kävin Soilen kanssa. Key westin läntisessä ja samalla alueen eteläisimmässä pisteessä olivat mukana "vaarintekijät" vuonna 1998.Kuvat: H.K.Lähde

Jäähyväiset Finnairin kympille maailman ympäri

Mittavin elämysmatka oli pari viikkoa kestänyt matka maapallon ympäri. Mukana matkustavia oli yli 300,henkilökuntaa ja oppaita parikymmentä. Antoisan matkan järjesti SEURA-lehti. Matka tehtiin Finnairin viimeisen DC-kympin viimeisenä lentona suomalaisissa väreissä. Muistiin jäi kapteenin lopputervehdys kaihoisalla äänellään. Meidän piti tankata Kanarialla, mutta kapteeni oli löytänyt myötätuuliputken, ja niin pääsimme suoraan Helsinki-Vantaalle. On vaikea kuvitella kapteenin tunteita. Hän oli ohjaamassa tutulle kentälle monesti ohjaamaansa konetta sen viimeiseen laskeutumiseen Finnairin väreissä Suomen maakamaralle. Hän totesi loppukevennykseksi: "Eiköhän palata takaisin samaa reittiä."

Kuva 86. Ison käärmeen kesyttäminen oli mielenkiintoista. Niin oli avaruuslentäjänkin tapaaminen. Pistäydyin myös Pariisissa laskemassa seppeleitä. Kuvat:H.K.Lähde.

Elämä kotiseudun avartamana

Isoisäni ja isäni aikainen isänmaamme ulottui Pohjanlahdesta itään aina Alaskaan asti. Suomen itsenäistymisen myötä sata vuotta sitten se pieneni huomattavasti. Pisimmäksi mitaksi jäi pituuden määrä hiukan yli 1150 kilometriä. Kotiseutu on ollut isänmaan koosta riippumatta kaikilla polvilla ja ihmisillä. Se muotoutuu jokaiselle. Siinä on jotakin yhteistä kaikille. On myös jotakin henkilökohtaista itse kullekin yksilölle.

Kotiseudun käsite sisältää tallentuneena ihanaa muistojen maisemaa lapsuudesta ja menneisyydestä ja vaikkapa kotiin tulon ihanuutta. Tunteen muistanet omalla kohdallasikin. Se tunne pohjautuu esivanhempien geeneihin. Se syntyi lapsuusajan perhe- ja kyläyhteisön kanssa yhdessä tapahtuneessa sisäistä ymmärrystä tuottavassa elämän todellisuudessa. Se kasvoi juuriksi aikuisuudessa selviytymistä varten. Nuo lapsuuden luomat perinteet ovat olleet kuin liekanaru, joka ohjasi perheen ja vähitellen laajenneiden yhteisöjen sisäistä sidonnaisuutta.

Lapsuuden iloisuuden idea pulppusi kyläyhteisön suurta työvoiman tarvetta tyydyttäviin talkoisiin. Niissä työnilo pursui parhaimmillaan. Työ yhdessä loi luovuutta ja ideoi uusia oivalluksia. Se sisälsi suunnattomasti monenlaista kanssakäymistä. Onneksi sain kokea sitä ennen koneellistumisen tuomaa tuhoa ihmisyydelle. Lapsuus sisälsi kotiseudun annin ammennuksen omamuotoisen kotikonnun muotoutumiseen. Se aika antoi selkärankaan punoutuvia ohjeita tarvittaessa automaattisesti toimiviksi. Silmäkameran muistikuva avaa useampien aistien havaintoja sisältävät tallennukset lähes värikkäiksi mustavalkoisiksi äänifilmeiksi.

Kaikki loppuu aikanaan. Hallinnollinen rakennemuutos johdatti minut päätoimisesti sulattelevaan sivustaseuraajan asemaan. Eväinä olivat pitkät perinnejuuret ja siivet geeneineen ja talkoopitoinen iloinen yhteishenki sekä elinikäinen oppiminen muutosten mukana pysymiseksi. Maaseudun pientilan oloista lähdin. Maaseudulla toimin. Tänne palasin monipuolistuneen kotiseuturakkauden vahvistamana.

Saamani juuret ja siivet olivat tuottaneet uutta siemenviljaa palautteeksi kotiseututunteen laariin. Oli tullut peilautumisen paikka ja voimavaroiksi saamani lainajyvästön tarkastelun ja osingonjaon aika. Eväät olivat rikastaneet kotiseudun sisältöä. Olivat tuottaneet ihania muistoja ja unelmien antimia. Hukkakauran kitkentäkään ei aina onnistunut. Kohtalon tummia koettelemuksiakin tunkeutui laarien lokeroihin. Umpikujaa en niille sallinut ylivoimaisista tuntemuksista huolimatta. Yritin löytää ikkunanraosta auringonsäteen kuin luukun takaa. Saatuani sen avatuksi tulvahti esille enemmän valoisaa energiaa.

Kotikonnun lumous sekä kotipiha sielunmaisemineen näyttävät valoisia tunnemuistoja, jotka avaavat ihania kurkistusaukkoja lapsuusajan kotiseutuun. Niitä on tallentanut näköaisti muiden aistien avustamana.

Työmatkallani sain nähdä myös maanmittausharjoittelija ja sittemmin professori Heikki Klemetin hakanneen Kuortaneella olevan tonttinsa rajakiviin: "Pyykki on pantu ja pysyy. Pysy lujana omalla maalla. Oma maa vielä sun kuntoas kysyy." Tämän ilmaisun myötä haluan itsekin vastata, että olen eniten kotoisin lapsuuden kotiseudultani Lammilta. Lammin nimen olen eläessäni kirjoittanut lähes poikkeuksetta jokaiseen vierailupaikkani kävijäpäiväkirjaan. Kotiseudun sisällön perinteet antavat eväitä tuleville sukupolvillekin.

Kuva 87. Säveltäjä ja maanmittausharjoittelija Heikki Klemetti hakkasi ajatuksiaan Kuortaneella olevan tonttinsa rajamerkkeihin. Kuva:H.K.Lähde.

Maaseudun etuna edelleen ilmava luonnon helma

On se lapsuusaika niin ihmeellinen asia. Itse asiassa mukana ollut ei voi uskoa silmiään. Nuorempi lapsiperhe ei voi edes kuvitella tilannetta. Se kulminoituu maatilan talouskeskukseen. Siinä asui noin puoli vuosisataa sitten maataloudesta elantonsa saava perhe. Sen jäsenet hyörivät pihapiirissä monissa arkisissa askareissaan. Monet kotieläinlajit elivät ihmisten huolenpidon turvaamina omissa olintiloissaan. Talonvahdillakin oli oma koppinsa pihapiirissä. Kotikissat hoitivat joskus tyytyväisinä kehräten omia tehtäviään. Räystäiden alle kotipesänsä rakentaneet pääskyset liitelivät pihapiirissä siipiensä kantavuutta kehittäen ja iloisesti viserrellen. Sellainen oli entisajan elävä maaseutu.

Suhteellisen nopea ja monivaiheinen koneellistuminen on aikaansaanut uskomattoman rajun ja kokonaisvaltaisen rakennemuutoksen alueella. Hyörinä pihapiirissä on laantunut. Kotieläinten tilat ovat tyhjentyneet. Monet asuinrakennuksetkin ovat autioituneet. Pääskysetkään eivät enää vuosiin ole palanneet räystäiden alle rakentamiinsa kotipesiin. Sellainen on nykyajan maaseutu. Vai onko? No, ei aivan kokonaan.

Luonnon helmassa itää energian siemen

Luoja loi luonnollisen maaseudun. Ihminen on rakentanut asutuksen. Tuo minulle tuntemattoman ajattelijan ilmaisu pitää edelleen paikkansa. Mitään jyrkkää rajaa siinä ei kuitenkaan ole. Ihminen on muokannut monin tavoin myös luontoa. Ihminen on onnistunut jalostamaan monin tavoin niin eläinmaailmaa kuin kasvimaailmaakin. On selvästi havaittavissa, että viljavainiot eivät nykyään lainehdi samalla tavoin kuin nuoruudessani. Jotakin entisyyttä on kuitenkin säilynyt. Maaseudun mullassa itää edelleen ruokaisan energiamme siemen. Ihminen on jalostanut sitä. Ihminen on kehittänyt siemenen kasvuoloja tuottamaan suotuisampaa satoa niin määrällisesti kuin laadullisestikin.

Siemenen kasvussa on edelleen jotakin, mihin pitää vain uskoa.

Luonnon luonnollinen luomu on oiva idea tolalle

Ennen vanhaan toiminnan perusyksikkö oli kyläyhteisö. Edellä on kuvattu, miten kylä hallitsi omaa aluettaan ja oli kokonaisvastuussa yhteisöllisesti kruunulle. Valtakunta tarvitsi varoja yleistä hallintoaan varten. Maa oli lähes ainoa verotuksen kohde. Kylä ja kruunu hallitsivat maita. Talonpojalla oli vaihtuvassa käytössä kyläosuus.

Isojako yksityisti kruunun maita ja kylän yhteiskäyttöä. Talot saivat tilusosuutensa omiksi maikseen. Talo ja tila muodostuivat yksityisomaisuudeksi runsas kaksisataa vuotta sitten. Maataloudessa vallitsi tilakohtainen viljellyn maan ja karjan lannan sekä ihmisten ja karjan tarvitseman ravinnon yhteensovittaminen. Lanta oli vielä nuoruudessani lähes ainoa perusparannusaine. Vasta viime vuosisadan puolivälissä siirryttiin vähitellen lannasta lannoitteisiin.

Aivan satokausikohtaista omavaraistalous ei ollut. Tilan omissa aitoissa oli oma osasto huonon satovuoden varalle. Pitäjäkohtaiset kruununmakasiinit ovat toimineet viljan varavarastoina jo vuosisatoja. Lammin lainajyvästön viljamakasiinin on toiminut vuodesta 1962 lähtien kotiseutumuseona.

Luomutuotannon aika siirtyi koneellistumisen myötä pian rauhan vuosien alettua kohti tehotuotannon aikaa. Sähkö ja traktori saivat aikaan lyhyessä ajassa mittavan muutoksen voimataloudessa. Talouskeskuksen toiminta sähköistyi. Traktori seuralaisineen koneellisti maatalouden. Keinolannoitus poisti lantakeskeisen riippuvuuden. Metsäkoneet muuttivat metsien kasvillisuuden hoidon puun viljelemiseksi. Jäljistä päätellen tuntuu, kuin puusto olisi runneltu pois pokasahan aikakauteen verrattuna. Kaikilla alueilla luonnonmukainen luonnollisuus on katoamassa. Luonnon helman sisältämä luomukin on alistettu viranomaistemme valvontaan.

Itsenäisyytemme ensimmäisen vuosisadan toisella puoliskolla maamme on kokenut todella mittavia muutoksia. Maailman menossa mukana pysyminen on vaatinut jopa joskus loikkaa tolalta toiselle. On muistettu, että ison ojan yli pääsee vain yhdellä loikalla. Tuntuu siltä, että maaseutu on käynyt läpi suurimman muutosten myllerryksen. Sen sisältö näyttää kiteytyneen 1960-luvulle. Maataloudesta toimeentulonsa saavien määrä vajosi alle 50 prosentin oltuaan sodan jälkeen vielä yli 70 prosenttia. Muutos on jatkunut edelleen. Perheen ruokapöytäkin on muuttunut somettajien ja samalla pikaruoka-annosta nauttivien kuljeskeluksi ainakin asutuskeskuksissa. Ennen vanhaan perheen ruokailutapahtuma sisälsi ravinnon saannin lisäksi myös elintoimintoja elvyttävää istuskelua arkisen aherruksen onnistumiseksi.

Olemmeko orjautumassa ihmisen itse laatimia ohjelmia sisältävien älylaitteiden jatkuvan seuraamisen uhreiksi.

Millainen on maatalouden merkitys nykyään. Onhan kaiken elämiseemme tarvittavan energian alkulähde edelleen maaseudun mullassa. Ruuan jalostusmatka on venynyt mittavaksi. Maaseudun tuottajakin joutuu nykyään ostamaan itse mahdollisesti tuottamansa omat elintarvikkeensa taajaman marketeista.

Mikä on maaseudulla olevan kotiseudun merkitys nykyään? Millainen on se lapsuusajan elomuoto, jossa ihmistaimi tuntee olonsa kotoisaksi. Mikä on siihen juurtumisprosessi. Tallentuvatko lapsuuden maisemat nykyään aistin avulla filmeiksi. Mitä on kotoisuus ja miltä tuntuu kotiinpaluu. Kysymyksiä pulppuaa lähes solkenaan. Kansainvälistyminen koskettaa jokapäiväistä elämäämme. Onko se vahvistanut kotiseudun perinteiden ja mielenmaisemien sekä kulttuurin merkitystä ja juuria. Saako uusi kansalainen kotiseudun tunteen elämänsä lähtöpisteeksi kohdatakseen laajemman kansainvälisen yhteisön. Hyvä tulos tuntuu entistä merkittävämmältä.

Mikä tahansa paikka tämä ei meille ole. Se ei ole vanha rapistuva rakennus perinteiden säilyttäjänä. Perinteet saavat myös uudistuvaa sisältöä. Kylän muutosmyllerryksen myötä myös kotiseutu saa uutta sisältöä ja kotiseututyö kokee uutta luovuutta. Monin paikoin on keskeisenä uudistumisalueena ollut paikkakunnan erikoisuus. Paketti ”Porraskoski” sisältää paljon sellaista. Omaleimaisuuden sisältö kiinnostaa. Kotiseudun vaalimisen arvoa ei voi mitata pelkästään tuottoprosenteilla eikä taloudellisella tuloksella. Eihän ihmisen elämääkään voi muuttaa euroiksi!

Kaikella kulttuurityöllä on arvo sellaisenaan. Nykymaailmassa erilaiset kulttuurit kohtaavat yhdessä yhtäläistyväksi elomuodoksi. Paikalliskulttuurin vaaliminen on osa meille uskottua sitä viljelevän ja sitä myös varjelevan ihmisen tehtävää. Sitä on myös työ kotiseudun ja oman asuinalueen hyväksi. Se luo henkistä hyvinvointia ja hoitaa juuriamme. Tulevaisuuden haasteissa selviää parhaiten se, joka tietää, kuka on ja mistä on lähtöisin. Siksi kotiseudulla ja sen hyväksi tehtävällä työllä on tärkeä merkitys tulevaisuuden kannalta.

Löytöretkeilijän nostalgiamatkoja nuoruuteen

Mieleen on jäänyt monesti tapahtunut ylösnouseminen kauniina kesäaamuna ennen auringonnousua. Joskus äiti herätteli viemään isälle kahvia. Kesäaamuhan oli hyvissä ajoin valoisaa. Vanha lihasjaksoa auttava perinnekin ohjasi sanonnalla: "Aamusta päivää jatketaan, ei illasta." Toisinaan oli sovittu äidin kanssa aamuvarhaisen onkimatkasta Säynäjärven rannoilla. Isän kanssa kävimme muikkuverkoilla tai pitkää siimaa nostamassa. Miten ihanaa oli kuunnella vesipisaroiden ääniä niiden tipahtaessa airon lavasta tyynesti peilaavaan järven pintaan.

Joskus aamu tervehti näkijäänsä utuisella untuvapatjalla veden tai alavan suopellon pinnalla. Kastepisara oli yksittäinen helmi vihreän ruohonlehden kannattelemana. Metsissä öinen kosteus paljasti hämähäkkien taidetta niiden omissa verkkopyydyksissä. Kiiltomadon vaisun valaisunkin onnistui joskus havaitsemaan metsäisiä polkuja liikuttaessa. Kaikki nämä olivat luonnon luonnollista kauneutta katsojan silmissä.

Monet nautintonäkymien lapsuusajan maisemat ovat muutosten myllerryksessä menettänet mainiot ilmiasunsa. Ennen vanhaan hevosen ja pokasahan sekä kirveen luonnolliset jäljet maatuivat maastoon mukautuviksi lähes huomaamatta. Kannot ilmaisivat rungon poistumisesta pitkän aikaa metsätöiden jälkeenkin. Lihasvoimaa korvanneet koneet ovat tehneet toisenlaista jälkeä. Luonnon haavojen parantuminen ihmisen suunnitteleman kasvun myötä osoittaa pitkään teknisen toteutumisen merkkejä luonnollisuuden sijaan. Kansallismaisemamme saavat luonnollisuudesta poikkeavia näkymiä.

Me ajanlaskullisestikin ansioituneet olemme saaneet olla mukana monenlaisissa ennalta uskomattomissakin elomuotojen muutoksissa. Itse kunkin kohdalla elämä on saattanut antaa omia yllätyksiään yksilöille tai joskus jopa koko kansallemme. On tapahtunut kehittymistä tai vain muutosta. Suurimmasta selkkauksesta on kulunut jo yli 70 vuotta. Saimme kuitenkin säilyttää itsenäisyytemme. Kansainvälistymisen laajetessa osa ohjauksestamme on siirtynyt laajemman valtuuston käsittelyyn. Se helpottaa omaa toimintaamme. Se on sopimusten ominaisuus.

Rikkautta elämämme antiin on tuonut tuo muutosten vauhdin kiihtyminen. Löytöretkeilijälle se on erityisen antoisaa. Tuntosarvien tehokas toiminta auttaa huomispäivän havaitsemiseen. Niiden herkkyydestä on pidettävä huolta. Mielikuvitustakin voi kehittää herkällä harjoittelulla. Sen saa istutettua selkäytimeen. Ovi uusiin ideoihin ja muutoksiin mukautumiseen kehittyy. Etunenä on parempi tila kuin alakynsi. Uuden oppimiselle on oltava hakeutuvan avoin. Löytöpaikkoja on yllin kyllin. Juuri lusikalla syömiseen oppinut nuori antaa pian oppia digimaailmasta. Kumman tien valitsemme? Haluammeko olla löytöretkeilijä vai paimentolainen?

Nyt on aika vastata suuren entistä avaramman maailman kutsuun ja haasteisiin. On pidettävä tuntosarvet herkkinä. Tekoäly tuo mahdollisuuksia. Tämän päivän menestyjä havaitsee ne ennen muita. Nyt jaetaan tulevaisuuden työntekijöitä Eurooppaan, kovia kokeneita ja sinnikkäitä. He eivät hevillä luovuta. Nollat ja ykköset valtaavat alaa. Se on digimaailmaa. Tulevaisuuden toimintaverkkoa on hyvä päivittää. Parsiminen ei tuo yhtä hyvää tulosta kuin ennen vanhaan. Nyt on luovuttava turhista rutiineista.

Eläkeläiset tiellä vai oikeasti tolalla.

Entäs me eläkeläiset eli kronologisesti ansioituneet. Voisimmeko olla hiukan enemmän mukana elämänkokemuksen hiljaista tietoa omaavina vuorovaikutuksessa nuorempien digimaailmaa osaavien kanssa eräänlaisina mentoroijina. Ei kuitenkaan lasten vanhempien tilalla vaan isovanhempien ja lastenlasten välisissä antoisassa keskustelussa.

Olen jo aikaisemmin todennut ikäluokkani oikeastaan kaikista aikaisemmista poikkeavan erikoisaseman. Koskaan ennen ei ole ollut historiassa tällaisia eläkeläisiä kuin nykypäivänä. Olemme ainutlaatuisia historian suuressa kuvassa. Olemme saaneet olla seuraamassa läheltä koneiden tuloa töihin avuksemme monine seuraamuksineen.

Pitkään ei tuo voimakoneen tuoma työapu muutoksen maailmaa rauhalliseksi tehnyt. Digitoituminen toi uusia haasteita. Se toi nopeasti uusia muutoksia. Liekö joukossa monia kehityksenkin mahdollisuuksia. Lankapuhelin ei palaa. Puhelinpöydän tilalle on tullut monipuolinen älylevy. Useimmat tuskin osaavat enää kulkeakaan liikenteessä ilman tuota katseen vangitsijaa kädessä. Jotkin johdot siitä johtavat kuuloelimiin.

Kuva 88.Omien muistojen myötä kotiseudun merkityksestä tulee hakematta mieleeni se ytimekäs ilmaisu, jonka kirjailija Hilja Haahti ja säveltäjä Ilmari Krohn tallensivat Pöystilän kesävierassiirtolan vieraskirjaan vuonna 1952.

***" En tiedä mittaa matkani, jos kuinka lyhyt lie.
Vain yhden tiedon tarvitsen. Se on kotitie."***

Konkreettisesti näen tien silmäkameran kuvissa kolmiuraisena. Keskellä on silloisen voimakoneen hevosen kavioillaan jättämät jalanjäljet. Reunoilla on vähemmän kuluneet rattaiden pyöränjäljet. Hevosen uran molemmin puolin rattaan jälkiä erottaa ruohottunut ura. Tämä kulkuurakin kertoo maaseudun luonnollisesta ja moniulotteisesta paratiisista. Siitä voi nauttia täydellisesti kaikilla aisteilla.

Näiltä kotikonnuilta elämäni eväiksi saamani perintö ei ole tavaraa eikä rahalla mitattavaa. Se on aikojen saatossa pulpahtanut urapolkua ohjaamaan monesti ja monin tavoin. Maaseudun asukkaiden elomuoto on ollut tärkeää evästä heidän kanssaan työskennellessäni vuosikymmenien ajan. Se on sellaista hiljaista tietoa ja taitoa, mitä perheen ja kyläyhteisön yhteistoiminnallisuus ja monet talkootyyppisiset toiminnat ovat meille itse kullekin juuriksi ja siiviksi kehittäneet. Ne ovat monen elämänkaaren luomaa elämän ymmärrystä selviytymiskeinoiksi. Meitä yli 65-vuotiaita elämän talviteloille siirtyneitä on jo yli miljoona eli viidesosa kansastamme. Synnyinjuuren olemme saaneet lähes neljän vuosikymmenen jaksosta. Se koostuu omavaraistalouden pulanhallinnasta koneorjuuteen hyvinvoinnin maassamme. Vanhuus tulisi osata ohjata meidän ja yhteiskuntamme eduksi. Meissä on erinomainen määrä pitkän yhteiskunnassa mukana olemisen tuottamaa kokemusperäistä taitoa ja hiljaista tietoa sekä toimintatarmoa. Siksi ymmärtäkäämme toisiamme, nuoret ja vanhat, yhdessä toistemme tukemiseksi. Harmaan sadepilven päälläkin paistaa aurinko.

Me eläkeläiset olemme myös tuottajia ja kuluttajia. Mekin rasvaamme talouden rattaita. Pidämme monin tavoin pyöriä pyörimässä kulttuurin kuluttajina ja mittavan vapaaehtoistyön tekijöinä. Monet hoivaavat suvun ihmisiä ja apua tarvitsevia. Toimivat ahkerasti erilaisissa yhdistyksissä ja yhteisöissä. Peukalomme paikka ei ole keskellä kämmentä. Meissä on enemmän toimintakykyistä voimavaraa kuin hoivarasitetta. Johtaminen näyttäköön suuntaa ja mahdollisuuksia. Luovikaamme onnistuneesti jatkuvasti voimistuvissa muutoksen myrskyissä oikeaan suuntaan.

Meidän jälkeemme on kasvanut uusi sukupolvi. Ovatko he niitä diginatiiveja. Me ennenvanhannatiivit kuljimme lähes kuin kala vedessä omassa elomuodossamme. Diginatiivien kalavesi on avara maailma. Siihen liittyy jo todellisuutena oleva virtuaalisuus. Minun kouluaikanani pelattiin pallolla ja mailoilla vastalyöntiä välitunneilla ja urheilutunneilla. Kansakoulun pihassa punaportin suuntaan oli vaikeampi edetä harvahkon männikön vuoksi. Joku puu oli toisessakin pihan päässä. Siellä lähellä oli myös silloisen koulunkeittäjän ja myöhemmin 100-vuotispäiväänsä viettäneen Lempi Peltolan koti.

Emme tarvitse enää sanojen tavaamista. Tilalla on digilukutaito. Pankkikirjakin on enemmän tai vähemmän karttuvine tileineen arkistoitunut. On menneisyyttä, joka ei takaisin tule. Kivirekinä putoamme kehityksen kelkasta. Mutta miten voisimme toimia vetureina? Uuden oppiminen on tullut entistä tärkeämmäksi.

PARHAIMMAT ONNITTELUT

YHTEISELLE ISÄNMAALLEMME

SUOMEN 100-VUOTISJUHLAVUONNA

& & & & & & & & &

SYDÄMELLISET KIITOKSET

YDINKOTISEUDULLENI

SAAMISTANI JUURISTA JA SIIVISTÄ

MATKAEVÄINÄ LAAJAKSI

MUODOSTUNEELLA TYÖTAIPALEELLANI

TUHANSIEN IHMISTEN OMILLA

KOTIKONNUILLA

Elontaivaltani

Monen monta muurahaista
on tolallani kulkenut.
Muttei kukaan puurtajista
ole kulkukaistaa sulkenut.

Yhdessä on aikaansaatu
tuhansittain asuinsijaa.
On mittarina kartoitettu
monen monta kotitilaa.

Oli kielenäni kotisuomi
pohjanmaalla saaristossa
paljon myöskin avainruotsi
yhteistyötä auttamassa.

Alueena varsin laaja
Sidebystä Himankaan
saaristo ja meri aava
vei usein luonnon tuntumaan.

Sain muisteloiden yltäkyllää
ihmisiltä Suomen maassa.
Ne ihanina mieleen myllää
kiikkustoolin keinunnassa.

Kansakouluaikaani

Ei ennen vanhaan tavarasta kyläkauppa loistanut.
Ei suola, rauta, saapasrasva marketteja tarvinnut.
"Eioo" oli tavallista kauppiaamme sanomaa.
Aika oli rauhallista ostokorttein ohjaamaa.
Oli ratkaisuina oma toimi tavaroiden tarpeisiin.
Kaikki tehtiin kotivoimin, mitä töissä tarvittiin.
Hevosvaljaat paikattiin. Kirvesvarret veistettiin.
Sukat, tumput parsittiin. Pärekori, huosiaimet työstettiin.
Käden taidot hallittiin puhdetöissä tositoimiin.
Lasten kanssa leikittiin, koko perhe yhteisvoimin.